The Case Against Reality

眼见非实

Donald Hoff

[美] 唐纳德·霍夫曼

唐璐 译

CBK 湖南科学技术出版社
·长沙·

我认为味道、气味、颜色等等……都存在于意识中。因此，如果没有生物，所有这些性质都将被抹去和湮灭。

——伽利略

前言

今天你的眼睛将会救你的命。你不会滚下楼梯，不会冲到疾驰的玛莎拉蒂前，不会抓响尾蛇的尾巴，也不会吃腐烂的苹果，这一切都有赖于眼睛的引导。

为什么我们的眼睛和所有的感官都值得信赖？大多数人都有一个直觉：眼见为实。我们认为，实在世界由时空中的汽车、楼梯和其他物体组成。即使没有生物观察它们，它们也存在。感官是我们观察客观实在的窗口。我们并不认为感官向我们展示了客观实在的全部真相。有些物体太小或太远。在极少数情况下，我们的感官甚至是错误的——艺术家、心理学家和电影摄影师擅长虚构幻觉欺骗我们的感官。但大部分时候，我们的感官都能反映让我们安全活下来所需的真相。

为什么感官能准确反映实在？有一个明显的答案：进化。我们祖先中那些能准确认识实在的人比不那么能准确认识实在的人更有生存优势，在觅食、战斗、逃跑和交配等关键活动中尤其有优势。因此，他们更有可能将基因传递下去，这些基因编码了更准确的感知。我们是那些每一代都能更准确认识客观实在的人的后代。因此，我们可以确信我们的感官是准确的。简而言之，直觉告诉我们，更准确的感知也更具适合性。进化淘汰不准确的感知。这就是为什么我们的感官是观察客观实在的窗口。

这本书想要说的是，其实这些认识是错误的。恰恰相反，我们对蛇和苹果的感知，甚至对空间和时间的感知，并不能反映客观实在。问题不在于我们对某些细节的感知是错误的。而是说，用时空中的物体这种语言来描述客观实在本身就是错误的。这种观点与我们的直觉不符。自然选择的进化定理暴击了我们的直觉。

认为我们的感知误导了我们对客观实在的全部或部分认识，这种观点有着悠久的历史。大约在公元前400年，德谟克利特有一个著名的论断，认为我们对热、冷、甜、苦和颜色的感知是惯例，而不是实在[1]。几十年后，柏拉图把我们的感知和认识比作看不见的实在投射在洞穴壁上的闪烁光影[2]。哲学家们从那时起就在争论感知与实在的关系。进化论为这场辩论注入了新的精确性。

如果感官不能告诉我们客观实在的真相，它们怎么会有用呢？它们怎么能让我们活下去？用一个隐喻帮助我们理解。假设你在用电脑打字，你编辑的文件在电脑上的图标是蓝色矩形，位于桌面中央。这是否意味着文件本身是蓝色的矩形，在你的计算机的中心？当然不是。图标的颜色不是文件的颜色。文件没有颜色。图标的形状和位置也不是文件的真实形状和位置。事实上，形状、位置和颜色的语言无法描述计算机文件。

桌面界面的目的不是向你展示计算机的"真相"——在这个隐喻

中，"真相"指的是电路、电压和软件。相反，界面的目的是隐藏"真相"，只显示简单的图形，以帮助你完成写电子邮件和编辑照片之类的工作。如果写电子邮件需要切换电压，你的朋友将永远收不到你的消息。

这是进化的结果。它赋予我们的感官向我们展示的不是真相，而是让我们能生存到足以成功繁育后代所需要的简单图标。当你环顾四周，你所看到的空间其实是你的桌面——一个三维桌面。苹果、蛇和其他物理对象只是三维桌面上的图标。这些图标之所以有用，部分原因在于它们隐藏了客观实在的复杂真相。你的感官已经进化到可以满足你的需求。你可能觉得自己想要知道真相，但其实你不需要真相。感知到真相反而会让我们这个物种灭绝。你需要简单的图标来告诉你如何活下去。感知不是观察客观实在的窗口。它是将客观实在隐藏在有用的图标后面的界面。

你可能会反问，"如果那辆高速行驶的玛莎拉蒂只是你界面上的一个图标，你为什么不跳到它前面呢？如果你死了，我们就有证据证明汽车不仅仅是一个图标。它是真实的，而且真的能杀人。"

我不会跳到一辆高速行驶的汽车前面，同样我也不会把我的蓝色图标拖到回收站。不是因为我被图标骗了，我知道文件不是蓝色的。但是我仍然会认真地对待它：如果我把图标拖到回收站，可能会弄丢我的文件。

这正是重点。进化塑造了我们的感官来维持我们的生命。我们必须严肃地对待它们：如果看到高速行驶的玛莎拉蒂，不要跳到它前面；如果看到腐烂的苹果，不要吃。但是，如果认为我们必须认真对待我们的感官，那么我们就必须——或者有理由——认为它们反映了真实，这在逻辑上并不成立。

我认真对待自己的感知，但并不认为它们真实。这本书讲的就是为什么你也应该这样作，以及为什么这很重要。

我将解释为什么进化隐藏客观实在，而赋予我们时空中物体的界面。我们将一起探索这个违反直觉的想法如何与同样违反直觉的物理学发现相吻合。我们还将了解我们的界面是如何运作的，以及我们如何通过化妆、营销和设计来操控界面。

在第1章，我们面对科学上最大的未解之谜：黑巧克力的味道，大蒜拍碎时的气味，喇叭的嘟嘟声，毛绒绒的感觉，苹果的红色，你对所有这一切的体验。神经科学家已经发现了意识体验与大脑活动的许多相关性。他们发现，我们的意识可以被手术刀切成两半，各自可以有不同的性格，有不同的喜好和宗教信仰：一半可以是无神论者，另一半则相信上帝。但是，尽管有这么多发现，我们仍然不知道大脑活动如何产生意识体验。一而再再而三的失败表明我们的前提假设可能错了。为了搞清楚错在哪里，我开始更仔细地审视感官是如何被自然选择塑造的。

感官塑造的一个明显例子就是我们的美感。在第2章，我们从进化的角度来探索美和吸引力。当你对一个人瞥一眼时，你会立即无意识地获取几十条感知线索，然后你的大脑中由进化塑造的复杂算法会对它们进行运算，这个算法分析了一件事：生殖潜力——这个人成功繁育后代的可能性。你的算法，在不到一秒的时间里，用一种简单的感觉总结了它的复杂分析——性不性感。在这一章，我们将研究人类眼中美的具体线索。女性更大的眼睛、虹膜和瞳孔，微微泛蓝的巩膜（眼白），以及明显的角膜缘环（虹膜和巩膜之间的黑色边界），这些都会吸引男性。女性的偏好更为复杂，我们将仔细研究这个迷人的故事。当我们审视自己的美感时，我们会吸收进化论的关键概念，学习塑造形象的技巧，并探索自然选择的逻辑——包括驱使我们通过修饰来诱骗他人的逻辑。

许多进化论和神经科学专家声称，进化塑造我们的感官呈现客观实在的真相。不是全部真相——只是我们繁育后代所需的真相。我们在第3章听取这些专家的意见。弗朗西斯·克里克和詹姆斯·沃森一起发现了DNA的结构。在克里克去世前的10年里，我和他通过信件多次交流，他认为我们的感知符合客观实在，太阳在没有人看的时候依然存在。我们将会了解麻省理工学院（MIT）教授戴维·马尔的观点，他的见解综合了神经科学和人工智能，改变了人类视觉的研究。在他的经典著作《视觉》中，马尔认为进化使我们能看到对客观实在的真实呈现。马尔一直是我的博士导师，直到他35岁去世；他对视觉的研究影响深远，也影响了我早期的想法。我们还会了解极具洞察力的进化理论家罗伯特·特里弗斯的观点，他也认为进化使得我们的感官能准确呈现实在。哲学家们一直想知道，"我们能相信我们的感官告诉了我们关于实在的真相吗？"许多杰出科学家回答："是的。"

在第4章，我们来看看为什么答案是"不能"。我们会遇到令人震惊的"适应性胜过真实"（Fitness-Beats-Truth，FBT）定理，这个定理指出，自然选择并不偏好真实的感知——这样的物种会灭绝。相反，自然选择偏爱那些隐藏真相并引导有用行为的感知。我们将在不涉及数学方程或希腊符号的情况下探索演化博弈论的新领域，这个领域将达尔文的思想转化为精确的数学，从而得出惊人的FBT定理。我们会看到演化博弈的计算机模拟如何证实FBT定理的预测。在感知和行为协同演化的遗传算法模拟中，我们将发现进一步的证据。

FBT定理告诉我们，我们的感知语言——空间、时间、形状、色调、饱和度、亮度、质地、味道、声音、气味和运动——并不能描述无人注视时的客观实在。并不是说其中有一些观点是错误的，而是说我们用这种语言表达出来的观点，没有一个是正确的。

在这一点上，我们的直觉开始动摇：如果我们的感官不能呈现实在，它们怎么会有用呢？在第5章，我们通过探索界面隐喻来辅助我们的直觉。空间、时间和物理对象都不是客观存在的。它们只是我们的感官呈现的虚拟世界，帮助我们玩生存游戏。

你可能会说，"好吧，如果你声称空间、时间和物体不是客观实在的，那么你就闯入了物理学领域，物理学家会很乐意纠正你。"在第6章，我们发现杰出的物理学家承认空间、时间和物体并不是基本的；他们正在思考什么可以取代它们。有人说时空——爱因斯坦相对论所要求的空间和时间的结合——的观念是注定要消亡的 [3]。

另一些人则认为实在因观察者而异，或者说宇宙的历史不是固定的，而是取决于现在所观测到的。物理学和进化论都指向同一个结论：时空和物体并不是基础。有其他东西更为基础，时空从中涌现出来。

如果时空不是基础的、预先存在的舞台，宇宙的戏剧在这个舞台上展开，那什么是？在第7章，我们将探讨一个令人好奇的问题：时空只是一种数据格式——就像计算机软件中的数据结构——用来延续我们的生命。我们的感官报告适应性，这份报告的错误可能会毁掉我们的生活。因此我们的感官使用"纠错码"来检测和纠正错误。时空只是我们的感官用来报告适应度收益和纠正这些报告中的错误的一种格式。为了了解这是如何运作的，我们体验一些视错觉，并捕捉自己在纠错时的行为。然后，我们可以基于这些洞察来改进服饰：我们可以操纵视觉编码，通过精心设计缝线、口袋、饰面和刺绣，让男人和女人在穿牛仔裤时更好看。

然后是颜色。从湛蓝的天空到绿意盎然的草地，丰富的光色世界是眼睛中4种光感受器给予我们的馈赠。但是拟南芥，一种长得像野芥末的小杂草，有11种光感受器[4]。已经在地球上生活了至少20亿年的低等蓝藻，据说有27种[5]。在第8章，我们发现颜色是许多物种所使用的关于适应性信息的编码，就像你通过网络传递照片前对其进行压缩一样，这样编码也具有压缩数据的功能。颜色可以诱导情绪和记忆，通过引导我们的行为来增强我们的适应度。企业利用颜色的力量树立品牌形象，并且将颜色作为知识产权加以保护。但是，尽管色彩很强有力而且令人着迷，带纹理的颜色——我们称为"色纹"——比纯色更加灵活和强大，并且有很好的进化理由。精心设计的色纹可以诱发特定的情绪和联想。如果你掌握了我们的适应度密码，你就可以聪明地利用它们来为自己的利益服务。

但是我们的感官对适应度编码的进化并没有结束。它仍然在为我们这种有进取心的物种试验新的界面。有4%的人具有"联觉"，他们感知到的世界与常人不同。我们将遇到迈克尔·沃森，他在品尝食物时会产生触觉：当他尝到留兰香时，他会感觉到高高的冰冷玻璃柱；安格斯特拉苦酒感觉像是"挂着常春藤的杂乱篮子"。每种味道都有自己的三维物体，在品尝的瞬间被创造出来，停止品尝就没有了。一些有联觉的人看到每个数字、字母、星期几或月份都会看到一种独特的颜色，并且擅长辨别颜色。

感知过程看似不费吹灰之力，实际上需要耗费相当多的能量。你燃烧的每一个宝贵的卡路里都是你必须找到并从它的主人那里获取的卡路里，也许是一个土豆或者一头愤怒的角马。获取卡路里既困难又危险，因此进化把我们的感官塑造成了吝啬鬼。这样作的后果之一是角落里的视觉被削弱。在第9章你会发现：你只在一个小圆形窗口中看到敏锐的细节，其半径是你平举手臂时看到的拇指宽度。如果你闭上一只眼睛，伸出拇指，你就能看到它是多么的小。我们以为自己看到了整个视野的细节，其实我们被骗了：我们看到的每个地方都会进入那个小窗口，所以我们错误地认为我们看到了一切细节。只有在这个小窗口中，你的感官界面才会构建出适应度收益的详细报告。这个重要的报告格式化为物理对象的形状、颜色、纹理、运动和标识。你只需瞥一眼就能构建出适当的对象——

你对收益的描述。你抛弃它，并用你的下一眼再创造一个。你宽阔的视野引导你的眼睛关注那些有重要收益需要报告的地方，从而构建出一个对象。我们将探索掌控注意力的规则，它们如何应用于营销和设计，以及在设计广告时如果无视这些规则，有时候会不经意间给竞争对手帮忙。

如果我们的感官把客观实在隐藏在界面后面，那客观实在是什么呢？我不知道。但是在第10章，我们探讨了意识体验是基本的这一观点。当你照镜子时，你看到的是自己的皮肤、头发、眼睛、嘴唇和脸上的表情。但是你知道在你的面容后面隐藏着一个更加丰富的世界：你的梦想、恐惧、信仰，对音乐的热爱，对文学的品味，对家人的爱，以及对色彩、气味、声音、味觉和触觉的体验。你看到的脸只是一个界面，背后是你的经历、选择和行为组成的充满活力的世界。

也许宇宙本身就是一个庞大的社会网络，这个网络由不断体验、决策和行动的意识自主体（agent）组成。如果是这样，意识就不是从物质中产生的；这是一个很大的主张，我们将详细探讨。相反，物质和时空是源自意识的一种感知界面。

这本书将给你提供红色药丸[6]。如果你相信虚拟现实（VR）技术将来会为你创造一种与没戴眼罩时的体验截然不同的迷人体验，那么你又怎么能如此肯定，当你摘下眼罩时，你看到的就是客观实在呢？这本书的目的就是帮助你摘下眼罩，一副你不知道自己一直戴着的眼罩。

目录

1. 迷题——分裂意识的手术刀

"像意识状态这样引人注目的事物，是如何由受刺激的神经组织产生的，这个问题就像阿拉丁摩擦神灯时，巨灵的出现一样难以解释。"

——托马斯·赫胥黎，《生理学和卫生学原理》

"'运动生成了感觉！'——从我们嘴里说出的话，没有比这更难理解的了。"

——威廉·詹姆斯，《心理学原理》

1962年2月，约瑟夫·伯根和菲利普·沃格尔精心策划，技艺娴熟地将比尔·詹金斯的两个大脑半球切分开。詹金斯当时四十多岁，术后顺利康复，并且继续存活了多年，享受了未曾享受过的高质量生活。在接下来的十年，伯根和沃格尔在加利福尼亚陆续作了多例切分大脑的手术，为他俩赢得了"西海岸屠夫"的称号。[1]

接受这种切分大脑手术的人都患有严重的顽固性癫痫，这种疾病是由大脑中的异常神经活动引起的。当时最好的药物对这些癫痫患者没有效果，癫痫发作时容易痉挛或"跌倒发作"——突然失去肌肉张力，常导致跌倒受伤。他们无法正常生活：不能开车，不能工作，也不能在球场上尽情奔跑。日常生活单调乏味，时不时还出现恐怖剧情。

伯根和沃格尔是南加州大学和加州理工学院的天才神经外科医生。他们大胆尝试切分癫痫患者的大脑，以隔离破坏他们生活的异常神经活动。

这种手术复杂精细，但想法很简单。人类大脑中有860亿个神经元，它们用电化学语言交流——这是一个庞大的社交网络，每个神经元都在关注其他神经元，也被其他神经元关注，就好像在发微博和转发，而且各有特点。神经元通过轴突发出信号，通过树突接收信号。这个网络，尽管很复杂，通常是稳定的，信息在其中有序流动。但是，正如撞车会扰乱城市的交通流，大脑中突然过量的异常信号也会扰乱大脑中的电化学信息流，引发癫痫、痉挛和失去意识。

伯根和沃格尔试图阻止灾难性的涟漪波及整个大脑。幸运的是，大脑本身的解剖结构提供了一个合适的位置和方法。大脑分为左右半球。每个半球有430亿个神经元。神经元的轴突分叉，就像树枝一样，在神经元之间构建数以万亿计的连接。大脑半球内的连接非常多，然而两个半球之间的纽带却只是一根微小的连线，称为胼胝体，其中有略多于2亿根轴突，即一个半球内每两百个神经元大约只有一根轴突连接到另一半球。这个瓶颈提供了理想的切割位置，阻止折磨人的涟漪从一个半球传播到另一个半球。不可否认，这个方案很粗糙，就像试图通过切断横跨大西洋的所有光缆来阻止计算机病毒从欧洲传播到美洲一样。但切分是必要的。伯根和沃格尔选择让一个半球忍受癫痫的狂怒，希望另一个半球平静，让患者少受一些痛苦。

这种手术专业上被称为"胼胝体横切术"，俗称"裂脑手术"，在临床上取得了成功。在接下来的十年里，比尔·詹金斯再也没有摔倒过，只有两次全身抽搐。其他患者也得到了类似的缓解。有人多年来第一次参加了球赛，有人则第一次找到了全职工作。很快胼胝体切除术不再被视为"西海岸屠宰术"，而是"一种可能的新治疗方式"。

当我在1995年第一次见到伯根时，我们讨论的话题不是他的手术取得的巨大成功，而是由此引发的意识上的奇异变化。伯根被邀请在亥姆霍兹俱乐部的会议上发言，该俱乐部由神经科学家、认知科学家和哲学家组成，多年来每月在加州大学欧文分校举行会议。这家俱乐部的目的是基于神经科学的进步，探索可能衍生出意识的科学理论。会议安排在欧文分校，因为它的位置对会员来说非常方便，北面是加州理工学院、南加州大学和加州大学洛杉矶分校，南面是加州大学圣地亚哥分校和索尔克学院。会议没有公开，以避开被俱乐部成员弗朗西斯·克里克的名声吸引来的人群，克里克当时专注于研究意识的奥秘。我们在加州大学欧文分校大学俱乐部的自助餐厅开始会议，然后在一个非公开场所度过整个下午，两位受邀的演讲者回答提问直到6点。会后我们一起用餐，通常是在南海岸广场附近，继续探讨直到深夜。

意识的奥秘是亥姆霍兹俱乐部关注的焦点，也是伯根演讲的主题，关注的是我们是谁。你的身体，像其他物体一样，具有诸如位置、质量和速度等物理属性。如果——但愿不会如此——一块石头和你的身体同时从比萨斜塔上掉下来，两者会同时撞击地面。

然而，我们在两个关键方面不同于岩石。首先，我们有感觉。我们品尝巧克力，忍受头痛，闻到大蒜，听见小号，看见西红柿，感到头晕，享受高潮。就算石头有性高潮，它们也不会说。

另外，我们有"命题态度"，比如认为岩石不会头痛，害怕股票可能下跌，希望去塔希提岛度假，还有奇怪为什么克里斯不打电话来。这类态度使我们能够预测和解释我们自己和他人的行为。如果你想去塔希提岛度假，并且认为你需要一张机票才能去那里度假，那么你很有可能会去买机票。根据你的命题态度可以预测和解释你的行为。如果克里斯打电话说他会在明天上午九点到达火车站，那么你归之于克里斯的命题态度——他想要并准备坐火车——可以让你预测他明天九点会在哪里，而且就算你知道他身体里每个粒子的状态，这样作也要容易得多。

与岩石一样，我们有真正的物理属性。但与岩石不同的是，我们有意识体验和命题态度。这些也是物理属性吗？即便是，也不明显：头晕的程度是多少，头痛的速度是多少，或者奇怪为什么克里斯不打电话来的位置在哪？这其中每个问题本身似乎都很含糊，类别也不匹配。头晕无法用天平衡量；头痛不能用测速仪测量；奇怪也没有空间坐标。

但是意识体验和命题态度是人类本性的基本要素。删除它们，我们就会失去自我。剩下的躯壳将毫无意义地度过一生。

那么，你是哪种生物呢？你的身体与你的意识体验和命题态度有什么关系？你品尝拿铁的体验与你的大脑活动有什么关联？你只不过是一台生化机器吗？如果是这样，你的大脑是如何产生你的意识体验的？这个问题非常个人化，也非常神秘。

1714年，德国数学家和哲学家莱布尼茨思考了这个迷题："然而，必须承认，感知，以及依赖于感知的事物，无法用机械——也就是数字和运动——来解释。假设有一种机器，它的结构能够产生思想、感觉和知觉，我们可以设想它的体积等比例放大，直到人能够进入它的内部，就像进入磨坊一样。现在，当他进入其中，会发现有一些零件在相互作用，但他永远找不到任何东西可以解释感知。"[2]

莱布尼茨发明了各种机器，包括钟表、灯具、水泵、螺旋桨、潜水艇和液压机。他造了一个机械计算器，叫作"步进计算器"，可以进行加、减、乘、除运算，运算结果可达16位。他相信人类的推理原则上可以用计算机器来模拟。但是他想不出机器如何才能产生感知体验。

1869年，英国生物学家托马斯·赫胥黎为这个迷题感到困惑："像意识状态这样引人注目的事物，是如何由受刺激的神经组织产生的，这个问题就像阿拉丁摩擦神灯时巨灵的出现一样难以解释。"[3]

赫胥黎是神经解剖学专家。他比较了人类和其他灵长类动物的大脑，证明了它们结构的相似性支持达尔文的人类进化理论。但是他发现大脑中没有任何东西可以解释它是如何产生意识体验的。

1890年，美国心理学家威廉·詹姆斯思考了意识的奥秘，他惊叹道："'运动生成了感觉！'——我们嘴里说出的话，没有比这更难理解的了。"他同意爱尔兰物理学家丁铎尔的观点，"从大脑的物理到相应的意识的过程是不可想象的。"[4]弗洛伊德也对这个谜题感到困惑："关于我们所谓的心理或精神生活，我们只知道两点：一，它的身体器官……二，我们的意识行为……就我们所知，它们之间没有直接关联。"[5]詹姆斯和弗洛伊德对人类心理学提出了深刻见解，他们明白心理学和神经生物学是相互关联的。但是他们对大脑活动如何导致意识体验没有任何理论，也不知道如何解开这个谜题。

现在意识依然是科学最大的谜题之一。《科学》杂志2005年的一期特刊列出了未解决科学问题的前125名。获得第1名的是：宇宙是由什么构成的？这个问题当之无愧，因为今天宇宙中96%的物质和能量是"暗"的，意思是"我们对它一无所知"。

第2名是：意识的生物学基础是什么？这就是亥姆霍兹俱乐部探索的问题。世界各地的研究人员仍在努力解开这个谜题。

请注意《科学》杂志是如何阐述这个问题的：意识的生物学基础是什么？它暗示了大多数研究人员期望的那种答案——意识存在生

物学基础，意识以某种方式由某些特定的生物过程引起、产生或与之等同。根据这个假设，我们的目标是找到这个生物学基础，并描述意识是如何从中产生的。

意识存在神经根源是弗朗西斯·克里克的研究前提。正如他所说："惊人的假说就是'你'，你的欢乐和悲伤，你的记忆和抱负，你的个人认同感和自由意志，实际上只不过是一大堆神经元以及相关分子的行为……'你只不过是一堆神经元而已。'"[6]

这同样是亥姆霍兹俱乐部的研究前提，也是为什么我们邀请的许多演讲者都是神经科学方面的专家，比如伯根。为了揭开意识之谜，我们寻找能引导我们找到关键的神经细胞和分子的线索。就像古生物学家挖掘化石一样，我们探讨演讲者的研究，希望能够解释为什么有些物理系统具有意识，有些又没有。

我们的期望并非毫无根据。几个世纪以来，生物学家一直在寻找一种机制，来解释为什么一些物理系统是活的，而另一些则不是。但是活力论者认为生命与非生命存在根本不同，他们声称这种追求将会失败，因为他们认为，用物质世界的无生命成分无法创造出生命；还必须有一种特殊的非物质成分，一种生命物质。活力论者和生物学家之间的争论一直持续到1953年，詹姆斯·沃森和弗朗西斯·克里克的著名发现证明了活力论者是错误的，他们发现了DNA的双螺旋结构。这种结构用4个字母的编码和复制，完美解决了从机械的、纯物理的角度解释生命的问题。它将年轻的分子生物学领域与达尔文的自然选择进化论结合到一起，成为我们理解生命进化的工具，用来解读生命数十亿年来曲折的旅程，并创造出让我们可以重新设计生命的技术。机械物理主义彻底战胜了活力论。

受这一成就启发，亥姆霍兹俱乐部预计，到某个时候，也许意识也能用神经科学的语言得到物理解释，从而为科学探索和技术创新开辟新的前景。1993年，在俱乐部的一次午餐会上，克里克告诉我，他正在写一本关于神经科学和意识的书，名为《惊人的假说》。"你能解释神经活动是如何引起意识体验，比如我对红色的体验吗？"我问道。"不能，"他说。"如果允许你构建任何你想要的生物学事实，"我继续说，"你能想到可以让你解决这个问题的方法吗？""不能。"但他补充说，我们必须继续神经科学研究，直到某些发现揭示解决方案。

克里克是对的。由于缺乏反面的数学证据，再加上令人印象深刻的DNA先例，寻找神经科学的双螺旋结构——揭示意识奥秘的关键一环——是有可能的。也许我们由梦想、渴望、恐惧、自我感和自由意志组成的意识网络，是由一堆神经元通过某种我们尚未认识的非凡机制编织而成的。虽然我们还不能构想出这样一种机制，但并不能排除这种可能性。也许是我们不够聪明，也许某个实验将教会我们无法凭空推测出来的东西。毕竟，我们之所以做实验，就是因为实验经常能给我们带来惊喜。

以神经生物学家罗杰·斯佩里在裂脑患者身上进行的实验为例。它们揭示了人类意识的一些惊人之处。在一个实验中，受试者盯着屏幕中央的小十字。然后两个单词例如"钥匙环"在屏幕上闪烁

0.1秒，"钥匙"在十字左边，"环"在右边，像这样：钥匙＋环。

如果你让正常的受试者报告他们看到了什么，他们都会说"钥匙圈"。这个任务很简单。0.1秒足够阅读文字。

但是如果你问裂脑患者，他们会说"环(ring)"。如果你问："什么样的环？指环，门铃声，还是钥匙环？"他们坚持说"环"。他们不能说出是什么样的环。

然后你蒙住裂脑患者的眼睛，拿出一个装满东西的盒子，里面有指环、钥匙、铅笔、勺子、钥匙环，等等。你让患者的左手伸进去，挑出屏幕上显示的物品。他们的左手在盒子里摸索，直到找到想要的东西。当左手最终离开盒子时，总是握着一把钥匙。在摸索过程中，左手可能会摸到并放弃钥匙环。

当他们的左手离开盒子后，你问蒙眼的患者："你的左手拿着什么？"他们说不知道。"你能猜到吗？"他们会猜测盒子里的各种小东西，比如铅笔或勺子。但他们只是碰巧才能猜对。

然后，你要求蒙眼的患者把右手伸进盒子里，取出屏幕上显示的物品。他们的右手会摸出戒指。在摸索过程中，右手可能会摸到并放弃钥匙环。如果你问蒙眼的患者，"你的右手拿着什么？"他们会准确而自信地说"戒指"。

现在，患者两只手都拿着东西，你取下他们的眼罩，让他们看自己的双手，然后问："你说你看到的词是戒指。那为什么你左手拿钥匙呢？"患者要么说不知道，要么就是为了合理解释编造一个虚假的理由。然后你请他们用左手画出他们看到的东西，他们会画钥匙。

对这类实验的解释为罗杰·斯佩里赢得了1981年诺贝尔生理学或医学奖。

斯佩里的解释简单而深刻。当你专注于"钥匙＋环"中的十字时，从眼睛到大脑的神经通路将"钥匙"发送到右脑半球，"环"则发送到左脑半球。如果胼胝体完整，右脑半球会告诉左脑"钥匙"，左脑半球会告诉右脑"环"，这样人们就能看到"钥匙环"。

如果胼胝体被切断，两个脑半球就不再相连。右脑看到"钥匙"，左脑看到"环"，两个脑半球都看不到"钥匙环"。左脑能说话，而右脑不能（骂人的才能除外，当左脑中风让人不能说话，却能让气氛变得压抑，这一点就变得很明显）。因此，当裂脑患者被问到，"你看到了什么？"左脑会回答，"环"。

左脑感觉和控制右手。如果患者被要求用右手拿起他看到的东西，那么左脑就会引导右手拿起它看到的东西：环。

右脑感觉和控制左手。如果患者被要求用左手拿起他看到的东西，那么右脑就会引导左手拿起它看到的东西：钥匙。当被问到"你的左手拿了什么？"患者说不出，因为只有右脑知道，而只有左脑会说。

"惊人的假说"提供了有说服力的解释：如果意识来自一群神经元的相互作用，那么分隔这群神经元——以及它们的相互作用——就可以分裂意识。

对普通人来说，意识似乎不太可能被手术刀分裂。分裂我的感觉、知识、情感、信仰、个性，甚至我的自我，这是什么意思？大多数人都认为这个想法很荒唐。但在斯佩里看来，多年的巧妙实验给出的证据很清楚："实际上，我们看到的证据支持这种观点，即脑半球确实是非常有意识的，而且分离的左脑和右脑可能具有不同的，甚至是相互冲突的并行意识体验。"[7]

支持这一结论的证据还在不断增加。有位患者两个半脑的职业目标不同：左脑说自己想成为"绘图员"，右脑则用左手写下自己想"赛车"。[8]在另一个实验中，左脑用右手扣衬衫纽扣，而右脑则用左手迅速解开衬衫纽扣；右手点燃香烟，左手熄灭。似乎有两个喜好截然不同的人住在同一个大脑里，有时还相互争吵。

两者的差异不限于个性，甚至可以是宗教信仰。神经学家拉马钱德兰曾研究过一位患者，虔诚的左脑相信上帝，不虔诚的右脑则不信。[9]当两个半脑到达天堂门口时，圣彼得会需要所罗门王的帮助吗？还是所罗门的残酷解决方案就是伯根的手术刀？这是未来的神经神学面临的棘手问题。

如果我们的信仰、欲望、人格，甚至灵魂的命运都可以被手术刀分割，那我们到底是怎样的生物？为什么我们有意识？什么是意识？神经科学能破解人类意识长久以来的未解之谜吗？科学的探照灯已经照亮了非人类领域——黑洞，被束缚的夸克，缓慢的板块构造；现在正指向对我们最重要的东西：我们深邃的个人意识世界，信仰、欲望、情感和感官体验。我们能否窥见甚至理解自己？这是对意识科学的渴望。

要达成这个目标，需要巧妙的实验和意外的发现。许多实验都在寻找神经活动与意识的相关性，希望能取得进展，随着相关性列表的增加，会出现解开意识之谜的重大发现，就像双螺旋解开生命之谜一样。

我们知道大脑的特定活动与特定的意识(和无意识)精神状态相关。正如前面讨论的，如果用外科手术将左脑与右脑分离，与左脑的活动相关联的一系列意识状态就会不同于右脑。在更精细层次的神经组织中，我们也发现了更多有趣的相关性。

例如，颞叶V4区的活动与对颜色的意识体验相关。[10]左脑V4区中风会导致患者的右半视野失去颜色，这种情况被称为半色盲。如果患者盯着红苹果看，苹果的左半部分看起来是红色的，而右半部分看起来是灰色的。如果中风损害的是右脑V4区，则会导致苹果的右半部分看起来是红色的，左半部分看起来是灰色的。

正常人可以通过经颅磁刺激（TMS）体验半色盲的色彩世界。

TMS是在头皮附近放置一块强磁铁，磁场可以被设置为增强或抑制附近脑区的活动。如果TMS抑制左脑V4区的活动，受试者会看到右半区的颜色消失了：如果他们盯着红苹果看，苹果的右半边会变成灰色。[11]如果TMS增强V4，受试者会产生"色彩幻象"——彩环和光晕。[12]TMS可以将颜色灌入或者排除出意识。

中央后回的脑区活动与触摸的意识体验有关。1937年，神经外科医生怀尔德·潘菲尔德发现，用电极刺激患者左脑的中央后回区，患者会报告身体右侧的触觉体验；刺激右脑会导致身体左侧的触觉体验[13]。这种相关性具有系统性：脑回区邻近的点也对应身体邻近的点，越敏感的身体区域，例如嘴唇和指尖，对应的脑回区域也越大。刺激大脑中部附近的脑回，你的脚趾会有感觉。沿着脑回滑动电极，刺激点往侧面移动，感觉也会系统性地沿身体往上，只有少数例外。例外的情形很有意思。例如，面部对应的脑回区域在手的旁边。脚趾挨着生殖器，拉马钱德兰认为，恋足癖可能与此有关。[14]

现在有许多实验在寻找"意识相关的神经活动"（NCC）。[15]多种技术被用于测量神经活动。例如，功能磁共振成像（fMRI）通过测量大脑中的血液流动来跟踪神经活动：神经活动就像肌肉活动一样，需要更多的血液流动来提供额外所需的能量和氧气。脑电图（EEG）通过贴在头皮上的电极测量神经产生的微小电压波动来跟踪神经活动。脑磁图（MEG）通过测量磁场的微小波动来跟踪神经活动。微电极可以记录单个神经元和小神经元群的单个信号，称为尖峰电位或动作电位。光遗传学使用彩色光来控制神经元的活动，这些神经元通过基因工程设计能对特定的颜色作出反应。

寻找NCC的策略是合理的。如果我们想找到将神经活动与意识关联起来的理论，又没有现成的想法，就从寻找它们之间的相关性开始。通过研究这些相关性，也许能发现某种模式。当然，从相关性到因果关系的道路并非坦途：如果有人群聚集在站台上，那么通常很快会有列车到达。[16]但并不是人群驱使列车前进，另有其他东西——列车时刻表——在人群和列车之间建立了关联。

NCC是意识理论的重要基础。意识理论必须完成两个任务：一是划定意识和无意识之间的边界，二是解释意识体验的来源和丰富多样性——柠檬的味道，对蜘蛛的恐惧，发现的乐趣。

区分意识和无意识，这个任务相对来说简单一些（其实并不简单），对此我们想知道的是这两种情况下大脑活动的区别。这里我们有一些有趣的数据。例如，在正常意识中，神经活动既不随机也不是很稳定，而是在两者之间处于临界平衡——就像经验丰富的徒步旅行者，既不是乱逛，也不在一个地方久留，而是聪明地探索地形。异丙酚可使全身麻醉，使神经活动异常稳定。[17]

对于更为复杂的特定体验——品尝巧克力或害怕蜘蛛——我们希望发现神经活动与各种体验之间的紧密联系。但什么是"紧密"？这并不容易确定。许多研究人员认为，在适当条件下，细微的神经活动就足以让这种体验发生。[18]他们通过"对比分析"来寻找这种细微的活动——比较某种体验发生变化时神经活动的变化。例如，如果观看图1中的"内克尔"立方体，会有两种不同的体验。在左图中，A面在前；在右图中，B面在前。当你观看中间的立方体时，你可能会在这两种体验之间来回转换。你在体验转换时神经活动的变化，可能就是你的立方体体验的NCC。这个实验的巧妙之处在于，你的体验会转换，但图像却没改变。这样就更易于把意识体验的转换归因于神经活动的变化。但这个活动仍然可能不是NCC。其中一些活动可能是NCC的前奏，或者是NCC的后续，而不是NCC本身。[19]需要细心的实验来排除这些可能性。

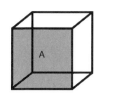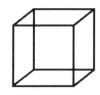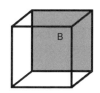

图1　内克尔立方体。当我们看中间的立方体时，有时会看到A面在前，有时会看到B面在前。© 唐纳德·霍夫曼

NCC不仅理论上重要，对实践也很重要。患有蜘蛛恐惧症的人会对蜘蛛极度恐惧，这种恐惧与杏仁核的活动有关。通过适当手段可以消除杏仁核中与这种恐惧对应的NCC。荷兰心理治疗专家梅雷尔·金特首先让蜘蛛恐惧症患者接触活的狼蛛，激活这种恐惧及其NCC。然后她让患者服用40毫克心得安，这种β-肾上腺素受体阻断剂可以使NCC无法存储到记忆中。当患者第二天来复诊的时候，恐惧症已经消失了。[20]这种疗法也有望治疗其他恐惧症和创伤后应激障碍。

　　另一个例子是利用光遗传学，这是一种利用光来控制经过基因改造的神经元的生物学技术。利用光遗传学，现在有可能触发NCC获得某种积极感觉，然后又迅速关闭它，就像开关一样。哥伦比亚大学的克里斯汀·丹尼已经达成这一惊人成就，他利用从藻类中提取的一种编码光敏蛋白的基因对老鼠进行基因改造。[21]在自然界中，藻类利用这种蛋白质对光作出反应。在经过基因改造的小鼠体内，这种基因平时不会起作用，但在注射三苯氧胺后的一小段时间内，任何神经元只要处于电激发状态，就会激活该基因，并将该蛋白质插入细胞膜。丹尼将一只注射过的老鼠放到它喜欢的环境：柔软、昏暗、有地方躲藏。小鼠愉快地探索这个田园般的环境，此时参与创造快乐NCC的神经元会让蛋白质插入细胞膜中。然后，丹尼用发射有色光的光纤照射小鼠大脑激活这种蛋白质，就能触发快乐NCC。即使老鼠处于可怕的环境——坚硬、明亮、无处躲藏——它也感觉安心，直到光纤被关闭。然后它会因为恐惧而呆住不动。把光纤打开，它又会开心地理毛和探索。

NCC的应用令人印象深刻。同样令人印象深刻的是，我们完全没有理解NCC与意识的关系。目前还没有科学理论能解释大脑活动——或计算过程，或其他任何物理活动——是如何产生、成为或以某种方式引发意识体验的。我们连一个靠谱的想法都没有。如果不仅仅考虑大脑活动，还考虑大脑、身体和环境的复杂互动，我们更是毫无头绪。我们被困住了。这个彻底的失败导致一些人称其为"意识之迷"。[22]我们了解的神经科学知识比赫胥黎在1869年了解的要多得多。然而，每一个试图从大脑、身体和环境的互动的复杂性中导出意识的科学理论，总会面临一个奇迹——就是从复杂性中绽放体验之花的关键时刻。这些理论是缺乏关键多米诺骨牌的戈德堡装置，需要偷偷推一把才能完成这个把戏。

意识的科学理论应当给出什么？以品尝罗勒和听到警报声为例。如果理论要解释大脑活动如何引发意识体验，就需要用数学定律或原理明确指出哪些大脑活动导致品尝罗勒的意识体验，明确说明为什么这些活动不会导致比如说听到警报声的体验，以及如果品尝的不是罗勒而是迷迭香，这种活动必须如何改变以转换体验。这些定律或原理必须适用于不同物种，或者准确解释为什么不同物种需要不同的定律。从来没有人提出过这样的定律，甚至连合理的想法都没有。

如果我们认为大脑活动等同于或产生了意识体验，那么我们就需要精确的定律或原理——将每个特定的意识体验，比如品尝罗勒，与等同于它或产生它的特定大脑活动联系起来。目前还没有这样的定律或原理。[23] 如果我们提出意识体验等同于大脑中监管其他过程的某些过程，那么我们就需要给出相应的定律或原理，准确指明这些过程以及与它们等同的意识体验。如果我们认为意识体验是一种幻觉，这种幻觉产生于某些大脑过程，意图是监控和描述其他大脑过程，那么我们就必须给出定律或原理，精确说明这些过程和它们所产生的幻觉。如果我们提出意识体验是从大脑过程中涌现的，那我们也必须给出相应的定律或原理，精确描述每个特定体验何时以及如何涌现。不作到这一点，这些想法连有价值的试错都算不上。关于等同、涌现或描述其他大脑过程的注意性过程的粗糙阐释，不能替代能定量预测的精确定律或原理。

我们有科学定律来预测黑洞、夸克动力学和宇宙演化。然而，我们不知道如何来预测品尝香草和听到街头噪音的体验，给不出相应的定律、原理或机制。

有可能克里克是对的：也许我们只是还没有找到能带来突破性想法的关键实验。也许有一天，在资金允许的情况下，我们会发现神经科学的双螺旋，一个真正的意识理论也将随之而来。

也有可能我们存在进化局限，缺乏理解大脑与意识的关联所需的概念。猫不懂微积分，猴子不懂量子理论，那么为什么认为人类就能解开意识之谜呢？也许我们需要的不是更多的数据。也许我们需要的是某种异变，让我们可以理解所拥有的数据。

诺姆·乔姆斯基驳斥了进化限制了我们的认知能力的观点。但他也认为，我们必须认识到"人类理解的范围和局限"，认为"某些结构不同的智力可能将人类的奥秘视为简单的问题，并且怀疑我们无法找到答案，就像我们可以看出老鼠无法走出素数迷宫一样，而这是由它们的认知设计决定的。"[24]

乔姆斯基也许是对的：人类的理解是有局限的。我承认，这些局限，无论是来自进化还是其他来源，都可能妨碍我们理解意识与神经活动的关联。

但在放弃意识迷题之前，我们还可以考虑另一种可能性：也许我们拥有必要的智力，只是被错误的信念阻碍了。

错误的信念，而不是与生俱来的局限，可以阻碍我们解决迷题的努力。这方面的例子在认知科学教科书中是标准内容。在一个例子中，人们得到一支蜡烛、一盒图钉和一盒火柴。他们被要求把蜡烛固定在墙上，这样当蜡烛点燃时，蜡就不会滴到地板上。大多数人都会失败。他们默认盒子必须装图钉。他们不想把图钉从盒子里倒出来，不想用图钉把盒子固定在墙上，也不想把蜡烛放在盒子上。为了解决这个迷题，他们必须挑战错误的假设。

有什么错误的假设在阻碍我们揭示大脑与意识的关联？我认为是：我们眼见如实。

当然，没有人认为我们看到了实在的全部。例如，物理学家告诉我们，我们能看到的光只是全部电磁波谱的一小部分，绝大部分我们都看不到，包括紫外线、红外线、无线电波、微波、X射线和宇宙射线。有些动物能够感知我们无法感知的东西：鸟类和蜜蜂能感知紫外线；蝮蛇能感知红外线；大象能听到次声波；熊能闻到远处动物尸体的气味；鲨鱼能感知电场；鸽子能利用磁场导航。

但是大多数人相信，在正常情况下，我们准确看到了部分实在。假如我睁开眼睛，有一个视觉体验，我把它描述为一米开外的红色西红柿。然后我闭上眼睛，我的体验变成了一片斑驳的灰色。如果我是清醒的，健康的，并且不认为我受了欺骗，那么我相信，即使当我闭上眼睛，即使当我体验到一片灰色，仍然真的有一个红色西红柿离我一米远。当我睁开眼睛，再次体验到一米开外的西红柿时，我把这看作西红柿一直存在的证据。为了进一步收集证据，当我闭上眼睛时，我可以伸手去摸西红柿，探身去闻它，或者让朋友看看，确认它还在那里。所有这些证据的结合使我确信，真实的西红柿的确存在，即使眼睛闭着，手也没有碰到它。

但是，我会不会错了呢？

我承认，这个问题听起来有点疯狂。有了这些证据，大多数理智的人肯定会认为西红柿还在那里。它在看不见和未被触及的时候存在似乎是显而易见的事实，而不是被误导的信念。

但是这个结论是不可靠的信念，不是逻辑证明，也不是不容置疑的事实。检验它的正确性需要用到认知神经科学、演化博弈论和物理学等领域的最新进展。而一旦我们这样作了，这个信念将会被证明是错误的。

这个令人惊讶的结果就是这本书的主题。我并不试图解开意识之谜。但在接下来的章节中，我的确试图废除阻碍问题解决的信念。在最后一章中，我给出了一旦我们摆脱了这种错误信念的阻碍，有可能解决意识之谜的途径。

当我说没有在看的时候就没有西红柿，是什么意思呢？回顾一下内克尔立方体可以辅助我们的直觉。前面曾讨论过，你可以看到A面在前的立方体，也可以看到B面在前的立方体，分别称为A和B立方体。当你看着图形时，你看到的要么是A立方体，要么是B立方体，但不能同时看到两者。

当你把目光移开时，那里是A立方体还是B立方体？

假设你在看向别处之前看到了A立方体，你回答说A立方体还在那里。你可以通过再看来验证你的答案。如果你这样作几次，你会发现有时你会看到B立方体。如果是这样，当你把视线移开时，是A立方体变成了B立方体吗？

或者你可以让你的朋友看，帮你验证答案。你会发现他们经常不同意，一些人说他们看到了A立方体，其他人则说他们看到了B立方体。他们说的可能都是实话，你可以用测谎仪检查。

这表明，当没有人在看时，A立方体和B立方体都不存在，也不存在未被看到的客观立方体，不存在公开的可被所有人观看的立方体。相反，如果你看到了A立方体，而你的朋友看到了B立方体，那么在那一刻，你们每个人看到的都是你们的视觉系统构建的立方体。有多少观察者在构建立方体就有多少立方体。当你把目光移开，你的立方体就不复存在。

举这个例子是为了解释，当我说你把目光移开时就没有西红柿是什么意思。当然，这并不能证明当你把目光移开时，西红柿就不存在了。毕竟，可能有人会说，内克尔立方体是虚构的，但西红柿不是。对没人看的西红柿进行论证并不容易。重点在于，促使你构建西红柿体验的实在并不等同于你所看到和品尝到的。我们被自己的感知误导了。

事实上，我们被误导的历史由来已久。许多古代文化，包括苏格拉底之前的希腊人，都被他们的观念误导，认为地球是平的。天才的毕达哥拉斯、巴门尼德和亚里士多德发现，尽管地球看起来是平的，但其实是球体。在此之后的许多世纪，除了阿里斯塔克斯（公元前310年—公元前230年）之外，大多数天才都被他们的观念误导，认为我们的地球是宇宙不动的中心。毕竟，除了地震，地球似乎从来没有移动过，而且看起来好像太阳、恒星和行星都围绕地球转。托勒密（约公元85—165年）基于这种以地球为中心的错误观念建立了一个宇宙模型，天主教会在长达14个世纪的时间里，都认为这个模型是对《圣经》的见证。

我们之所以容易错误地看待我们的感知，正如哲学家维特根斯坦向他的同行伊莉莎白·安斯康姆指出的那样，部分原因在于，我们对于感知，对于"看起来好像"的意义，持有一种不加批判的态度。安斯康姆在谈到维特根斯坦时说："他曾经问我一个问题：'为什么说认为太阳绕地球转，而不认为地球在自转是很自然的？'"我回答说："我想是因为看起来好像是太阳绕地球转。""那么，"他问道，"如果地球看起来好像是绕着自己的轴旋转，那会是什么样子呢？"这个问题让我意识到，到目前为止，我还没有给'看起来好像是太阳绕地球转'中的'看起来好像'赋予任何相关的含义。"[25] 如果我们想要明确实在与我们的感知相符或不符，就得认真对待维特根斯坦的问题。后面我们将看到，有一种方法借助演化博弈论的工具可以给出这种说法的精确含义：我们可以证明，如果我们的感知是由自然选择塑造的，那么进化几乎肯定会让感知隐藏实在。它们只对适应性负责。

1543年，哥白尼的《天体运行论》在他去世后出版。他在书中提出了同阿里斯塔克斯一样的观点，地球和其他行星绕太阳转。伽利略通过望远镜观察到了这一理论的证据——围绕木星运行的卫星，以及金星类似月球的相位变化。教会反对这一理论，并在1633年裁决伽利略为异端，因为他胆敢声称"人们可以持有某种想法并捍卫其可能性，即便它被裁定与《圣经》相悖。"伽利略被迫放弃自己的观点，并被判处终身软禁。直到1992年，教会才承认自己的错误。

有几个因素导致了这个错误。一是对伟大的存在之链的信念——上面是上帝和完美的天体，下面是人和不完美的月下王国——这与托勒密体系相符。[26]但关键因素是对我们的感知的简单误读：教会认为我们就是看到了地球没有运动，并且是宇宙的中心。

这本书的题记引用了伽利略阐明的我们对感知的误读："我认为味道、气味、颜色等等，就我们将其所赋予的对象而言，同名字没什么区别，都是存在于意识中。因此，如果没有生物，所有这些性质都将被抹去和湮灭。"[27]我们自然而然地认为西红柿还在那里——包括它的味道、气味和颜色——即使我们不去看它。伽利略不同意这种观点。他认为，西红柿的确存在，但它的味道、气味和颜色并不存在——这些都是感知的属性，而不是脱离感知的实在。如果意识消失了，它们也会消失。

但他认为西红柿本身仍然存在，包括它的果体、形状和位置。对于这些属性，他认为我们看到的是实在。对此我们大多数人都会同意。

但是进化论却不这么认为。我们将在第4章看到，自然选择的进化蕴含一个违反直觉的定理：我们看到实在本来面目的可能性为零。这个定理不仅适用于味道、气味和颜色，也适用于形状、位置、质量和速度，甚至适用于空间和时间。我们看不到实在的本来面目。导致你构建西红柿体验的实在，无论你是否看着西红柿都存在的实在，与你所看到和品尝到的完全不同。

我们不再执着于平坦的地球和以地球为中心的宇宙。我们意识到误读了自己的感知，从而纠正了错误。这并不容易。在这个过程中，世俗的直觉和教会的教义被打破。但这些修正仅仅是热身。现在我们必须抛弃时空本身以及其中的一切。

我们是怎样的生物？从进化论的角度来看，肯定不是能看到实在本来面目的生物。这深刻影响了我们如何思考大脑与意识的关联。如果时空只存在于我们的感知中，那么时空中的事物，如神经元及其活动，又如何能创造我们的意识呢？

理解感知的进化，是理解我们是谁，以及我们意识来源的关键一步。

2. 美丽——基因的诱惑

"我看到了将来更加重要得多的广阔研究领域。心理学将建立在新的基础上。"

——达尔文,《物种起源》

"好鲍益大人,我的美貌虽然卑不足道,却也不需要你的谀辞渲染;美貌是凭着眼睛判断的,不是商人的利口所能任意抑扬的。"

——莎士比亚,《爱的徒劳》

1757年,大卫·休谟在《趣味的标准》中指出,美存在于欣赏者的眼中。"美,"他说,"不是事物本身的特质:它仅存在于旁观者的头脑中;每个头脑感知到不同的美。"这自然引发了一个问题:为什么某位情人眼里产生这样的美丽标准?在休谟之后的一个世纪,达尔文提出了自然选择的进化,从而为解释这个问题的心理学奠定了基础:美丽是一种对所提供的适应性收益的感知,比如吃那个苹果或与那个人约会的收益。由于需求和生态位的不同,这种感知会因物种、人甚至时间而异。繁殖的成功取决于总的适应度。美告诉我们它们是什么,在哪里。

演化心理学对我们对美貌的判断给出了新的、令人惊讶的见解。例如，每当你看一张脸时，你会仔细观察眼睛——在细节清单上打分——经过无意识的思考，对美进行评判。女性对男性眼睛的吸引力的看法有时候不同于男性对女性眼睛的吸引力的看法。我们的祖先几千年来都依赖于这个不成文的清单，但是关于美的新科学揭示了其中一些条目。我们将讨论这些条目和它们的发现逻辑，以及一些实际应用。

进化论对美的认识令人惊讶，而我们在第9章还将看到，它对物理对象的认识也令人不安：对象，同美一样，存在于观察者的眼中，告诉我们的是关于适应性——而不是关于客观实在——的信息。为了对关于对象的令人困惑的情形作好准备，让我们通过探索动物王国中对美的感知来让我们的直觉热身。

雄性珠宝甲虫喜欢漂亮的雌性。[1]雄性飞来飞去，寻找闪亮的、有酒窝的、棕色的雌性。近年来，一些雄性灵长类动物开车经过西澳大利亚的甲虫栖息地时，会把空啤酒瓶扔在路边。碰巧的是，有些玻璃瓶闪闪发光，带有酒窝，而且恰好呈现出雄性甲虫喜爱的棕色。雄性甲虫放弃了真正的雌性，它们着迷于类似外翻生殖器的玻璃瓶，固执地试图交配(同男人抛开女人迷恋奶瓶一样)。除了伤自尊，一些彩虹蚁还学会了在玻璃瓶附近徘徊，等待糊涂的长臂甲虫，然后趁它们挫败的时候吃掉它们，先从生殖器开始。

可怜的甲虫濒临灭绝，澳大利亚不得不改变啤酒瓶来拯救这种甲虫。

甲虫的错误令人惊讶。数千年来，雄性甲虫一直与雌性交配。你可能会认为它们肯定了解雌性同类。显然不是。虽然雄性只是在酒瓶上爬来爬去，却觉得自己是在尽情享受身体接触，底下是一个370毫升的无法抗拒的性感女神。

是哪里出了差错？甲虫为什么会爱上瓶子？是不是因为它的脑袋太小？哺乳动物有更大的大脑，绝不会犯这样愚蠢的错误。但它们照犯不误。人们发现并拍照证明阿拉斯加和蒙大拿等地的驼鹿会与驼鹿甚至野牛的铜雕塑交配，有时甚至长达几个小时。我们当然可以嘲笑它们，但智人在这方面也有很坎坷的历史，包括几个世纪前印度莫卧儿绘画中的充气娃娃，以及今天在与机器人的爱与性国际大会上展示的机器人。我们更大的大脑并不能确保真正的人类美女的绝对吸引力。

那么，什么是美呢？令人惊讶的是，困扰了甲虫、驼鹿、智人和许多其他物种的弱点提醒我们，美是复杂的智能判断，而且大部分为无意识计算。每当你遇到一个人，你的感官就会自动检查几十条甚至几百条线索——所有这一切都发生在不到一秒的时间里。这些经过亿万年进化精心挑选的线索告诉你一件事：生殖潜力。也就是说，这个人能繁育健康的后代吗？当然，关于这个问题的明确想法，以及判断的明确线索，并不是你在相遇时的典型体验。相反，你体验到的只是判断本身——一种是否性感的感觉。那种感觉，整个繁杂分析过程的总结，就是存在于欣赏者眼中的美。

这就否定了美是观察者的即兴判断的说法。相反，这是观察者大脑中无意识推断的结果，这种推断是由自然选择经过数千年构建出来的：如果推断过于频繁地在应该说不的时候给出热辣的结论，或者反之，那么观察者就会过于频繁地偏爱那些不太可能繁育健康后代的配偶。在这种情况下，误导观察者的基因和他们错误的推断，传递到下一代的可能性会较低。简而言之，如果基因不能正确评估美，它们就会逐渐灭绝。这是自然选择的无情逻辑。

这完全是基因之间的竞争。一切都与适应度有关——这是自然选择进化的核心概念。那些更善于传递到下一代的基因被认为更具适应性。即使传递下去的才能只是略有优势，也能让一种基因在传递中不断增多，并淘汰那些才能一般的竞争对手。奥斯卡·王尔德很好地表达了这种逻辑："适度是极其致命的事情，过度带来的成功无可比拟。"[2]

基因之间不会直接对抗。它们通过代理来作这件事。它们激活身体和思想——也就是表型——然后让它们一决高下。在竞争中表现更好的表型，就像它们代表的基因型一样，被认为更具适应性。当然，表型的适应性不仅取决于基因，还取决于变化无常的疾病、发育、营养和无情的时间等因素。例如，即便是同卵双胞胎的表型适应度也可能不同。但是要明确一点：虽然基因是通过代理进行战争，它们还是亲身参与了这场游戏。就像飞行员在飞机上一样，基因附着在表型上：如果表型完蛋了，它们也会完蛋。

对美的计算是代理人战争的一部分，代理人战争是基因用来与其他基因竞争的巧妙机制，目的是增强适应性。如果你比竞争对手更擅长对美进行计算，你对美的计算就能通过递归交缠增强你自己的适应性。适应性——提高适应性、评估适应性、通过评估适应性来提高适应性——是自然选择进化的主旋律。对美进行计算是我们与生俱来的天赋。两个月大的婴儿观看更具吸引力的成年人的脸的时间会更长。[3]

对美进行计算的困难在于，在评估基因的适应性时，基因本身是不可见的。这使得基因只能通过仅有的窗口——表型、身体和心智——寻找适应性的证据，而这些都是其他基因塑造和决定的。但是表型很少把适应度写在脸上，因此必须寻找线索。

福尔摩斯声称侦探的成功取决于"对细节的观察"。[4]在对美的判断中，有一处细节是人类眼睛的一个特征，叫作角膜缘环，位于有色虹膜和白色巩膜交界处的黑色圆环。我第一次注意到这个圆环是在一张照片上，1985年6月《国家地理》杂志封面刊登的阿富汗女孩沙巴特·古拉的照片是该杂志历史上最著名的照片。[5]她明显的角膜缘环让她的眼睛像是牛眼，我怀疑就是这个特征吸引了我们的注意力并提升了她的美。

为什么明显的角膜缘环会有吸引力？或者，从进化的角度来问这个问题：为什么这样的缘环意味着更具适应性？

显著的缘环正好也是健康的标志。要使角膜缘环明显，得让缘环容易被看见，为此角膜——眼睛的透明外层——必须是透明和健康的。青光眼和角膜水肿等疾病会使角膜变模糊，使角膜缘环变得不那么明显。脂肪代谢不足会引发角膜老年环，胆固醇的乳状沉积物遮盖缘环。血液中钙的失调会导致边缘征状，也就是乳白色的钙沉积，也会遮盖环状结构。多种疾病的混合会使角膜缘环变得模糊不清，而具有明显缘环的人患有这些疾病的可能性较小。

明显的缘环也是年轻的象征，从而表明适应性。达伦·佩舍克是我实验室的研究生，他在几位本科生的协助下进行了测量，发现角膜缘环的厚度——也就是它们的显著性——会随着年龄的增长而减少。[6]

因此，原则上来说，角膜缘环代表着年轻、健康，从而也代表着适应性。但是，进化是不是确实调整了我们的性感量表即智人观察者对美丽的计算以发现缘环中关于适应性的微妙线索？

为了寻找答案，佩舍克设计实验向受试者展示一对完全相同的面孔，只是其中一个有角膜缘环，另一个没有。让受试者选择感觉更有吸引力的面孔。结果很明显：男女受试者都更喜欢有缘环的脸，即便脸是倒转过来的。[7] 通过一系列实验，佩舍克发现了理想的缘环，即那些厚度、透明度和深浅变化看起来最吸引人的缘环。[8]

知道了这个理想值，你就可以通过修饰缘环或佩戴隐形眼镜来提升你的魅力，这种可以模仿性感缘环的隐形眼镜现在已经有了，等于是直接用于眼睛的化妆品。

这就凸显了美丽的观察者面临的一个危险：基因可以对适应性

撒谎。它们可以操纵自己的表型——在它的身体中植入虚假线索来欺骗观察者。通过对适应性撒谎，基因可以增加自己的适应性。

有时候谎言是善意的，唇膏和眼线不会伤害任何人。

有时候谎言是戏弄和剥削性的。西澳大利亚的铁锤兰会向膨腹土蜂兜售性感。[9] 雌性黄蜂在交配期会爬上草叶，摩擦自己的腿，播撒吸引雄蜂的气味。被气味吸引的雄蜂会追踪气味，逆风逶迤，直到找到雌性。雄蜂抱起雌蜂，把它带回事先准备好的蜂窝，那里有满是甲虫幼虫的美食大餐。雌蜂在那里产卵，然后死去。

普通的花朵吸引不了这种雄蜂。但是铁锤兰的基因让它身怀绝技：它的茎是绿色的而且纤细，如同草秆一样；从它的顶端垂下来的唇瓣，有着匀称的曲线，诱人的颜色，天鹅绒般的质地，还能散发雌性膨腹土蜂的气味。被迷惑的雄蜂企图抱着雌蜂离开，但发现这个意中人不合作。最终只好沮丧地飞走，在这个过程中，花粉粘在了雄蜂身上。当它又去找另一个假雌蜂碰运气时，就会给它授粉。在这个游戏中，铁锤兰的基因获得了适应性；土蜂则只是被利用。

基因在寻求适应性时撒的谎有时候不仅仅是戏弄，甚至很邪恶。雌性妖扫萤引诱雄性北美萤就是以悲剧收场。[10] 在求偶的夜晚，北美萤雄虫会发出间断闪光。收到信号的北美萤雌虫会用间断闪光应答，这些闪光与雄虫的闪光相吻合，形成精心编排的二重奏。在收到应答后，满怀希望的雄虫就会飞向它的伴侣。

雌性妖扫萤破解了北美萤的密码,它们能准确回应北美萤雄虫的闪光。当北美萤雄虫到达幽会地点时,会发现一只比它预想要大得多的雌虫在等着捕食它。

妖扫萤无情的基因向北美萤承诺适应性的终极奖励,但其实给出的却是适应性的终极惩罚。这种险恶的欺诈一方面能提供重要的卡路里,从而增强妖扫萤的适应性,另外还有一个不那么显眼的作用:北美萤火虫含有虫卵毒素(LBG),这种类固醇对许多潜在的捕食者有毒。当萤火虫被咬或挤压时,就会流出含有LBG的体液,LBG会让捕食者感到恶心(意味着"对我的健康不利"),从而促使它放了这只萤火虫。妖扫萤通过吃富含LBG的北美萤,可以赶走捕食者。

美是我们对生殖潜力的估计。但正如妖扫萤和铁锤兰以及其他无数传奇故事所揭示的那样,基因是美的游戏背后的无情操纵者,没有道德内疚的束缚,在一心一意追求增强自身适应性——累积适应度——的过程中,毫不犹豫地欺骗和破坏。它们的目的是在零和博弈中生存下来。妖扫萤吃掉了北美萤,通过吸收其全部卡路里和LBG累积适应度;北美萤则失去了一切。铁锤兰欺骗了膨腹土蜂,通过授粉累积了适应度;膨腹土蜂在铁锤兰上浪费了时间和热量,失去了适应度。适应度是这个王国的货币:收集得越多,成功繁殖的机会就越大。秉持马基雅维利主义的基因攫取适应度,不是通过诚实的工资,而是通过不义之财。

适应度不是固定不变的,而是和寻求它们的生物一样多样化,和给出信号的欲望一样变化无常。对于正在寻找配偶的雄性北美萤来说，一只合适的雌性北美萤提供了一个适应度机会；对于一个花心的人类男性来说，它没什么意义。就算其他条件都不变，不同生物的适应度收益也会完全不一样。

生物体的适应度收益还会随其状态改变。饥饿就是明显的例子。一个饥饿少年闻到披萨味道时的喜悦，意味着第一块披萨提供了丰富的适应度。一小时后已经吃了6块披萨的少年对同样的气味漠不关心，甚至是厌恶，这表明了缺乏适应度。同一个少年，披萨也是一样的，提供的适应度却有了很大差别，这是因为这位少年的状态和需求已经变了。适应度取决于生物体、生物体的状态以及行为。

你对性感的感觉，从热辣到无感，意味着你对生殖潜力的复杂估计。这个估计，我们已经看到，用到了缘环的状态。我想知道，还用到了眼睛的其他特征吗？翻看人脸的照片时，我注意到，婴儿的彩色虹膜比成人的大。我实验室的研究生奈格尔·萨姆姆内贾德在本科生的帮助下，通过仔细测量数据库中的照片，证实并完善了我的观察：从出生到50岁，虹膜区域相对于白色巩膜的面积有所减小；但是从50岁开始，随着眼睛周围的组织下垂并覆盖巩膜，虹膜区域又会增大。[11]因此虹膜的面积相对于巩膜是随年龄呈对称变化。

根据这些数据，我预测在50岁以下的女性中，男性更喜欢稍大一点的虹膜。这个预测基于一个简单的事实：50岁以下的女性，大虹膜和生育能力与年龄相关。20岁女性的不孕率约为3%；30岁约为8%；40岁约为32%；50岁约为100%。20岁女性成功怀孕的可能性约为86%；30岁约为63%；40岁约为36%；50岁约为零。[12]

女性生育能力的下降通过自然选择决定了男性对女性美貌的判断。其中的逻辑很简单：假设某个男人的基因编码了计算美貌的程序，这个程序偏好50岁以上的女性。在这些美人的陪伴下，他会很享受生活。但是她们怀上他的孩子从而将他计算美貌的基因传递下去的可能性有多大呢？几乎为零。相比之下，对于基因偏好20岁女性的男人来说，机会是不是大得多？这几乎是肯定的。

然而，还有一个问题：女性的生育能力并不等同于她的生育价值（即她未来能够生育的子女数量）。偏好生育价值的基因往往会获胜，从而影响下一代。而生育价值会在20岁时达到顶峰。一个25岁的女人可能比她20岁时更有生育能力，但是她20岁时的生育价值更高。[13]

因此，我们认为自然选择的塑造会使得男人觉得20岁左右的女人最漂亮。这导致了一个明确的预测：20岁以上的男性更喜欢年龄比自己小的女性；20岁以下的男性则更喜欢年龄比自己大的女性。

这两个预测都得到了实验证实。20岁以上的男人更喜欢年龄比自己小的女人。这并不令人意外。但是青少年男性更喜欢年龄稍大一点的女性则不那么显然。[14]这个证据是对进化论的有力支持。青少年男性的偏好并不是因为受到年龄大一些的女性正向强化，她们很少鼓励青少年的追求；也不是因为征服欲，这种欲望在年龄较大的女性身上不太可能成功；也不是因为文化，结论已经在不同文化中得到验证。

总而言之，自然选择塑造了男性以生育价值为依据的美感。各种青春的信号，比如较大的虹膜，都是女性生育价值的重要依据。因此在2010年时我猜测，男性会更喜欢50岁以下的女性有更大的虹膜。这个猜测不同于角膜缘环影响吸引力的猜测；角膜缘环大小或可见度不变的情况下，虹膜的大小也可以不同。

为了验证这个猜测，萨姆姆内贾德向受试者展示几对完全相同的面孔，只是其中一张脸的虹膜更大，[15]让受试者选择更具吸引力的面孔。结果很明显：男性更喜欢拥有较大虹膜的女性面孔，即使面孔上下颠倒也是一样。[16]

我们的基因驱使男人发现并爱慕这种女性适应度的微妙线索。知晓这一点的女性可以有意识地修饰自己：在照片中，她可以直接修改自己的虹膜；在日常生活中，她可以戴美瞳来放大虹膜。这种隐形眼镜现在在日本、新加坡和韩国很流行。了解虹膜大小影响的艺术家可以操纵观众。事实上，在这方面，艺术领先于科学：远在我们的研究之前，日本动漫中就常用大虹膜来描绘青春少女角色。

那女性呢？她们更喜欢虹膜大的男性吗？回想一下，明显的角膜缘环标志着年轻和健康，因此女性也进化出了对有明显缘环的男性的偏好。但是缘环明显表明眼睛很清澈，没有疾病，而虹膜大只表明年轻，与健康关联不大。因此，不像角膜缘环，女性对虹膜的偏好更难预测。她们的喜好更加复杂。

偏好的复杂有一个很好的进化理由：亲代投资。抚养后代需要父母双方都投入时间和精力，但是父母双方的投入不一样。哺乳动物的雌性必须在怀孕和哺乳方面投入大量精力。雄性则可能会在提供食物和保护方面投入大量精力，也可能交配后就离开，只投入最低限度的精力。

你的投入越多，你对伴侣就会越挑剔。[17]如果每次交配的成本都很高，那么你的选择就得慎重：那些草率选择的基因传递到下一代的可能性较低。然而，如果你的投资很少，那么另一个策略就是可行的：不要太挑剔，拥有多个伴侣。采取这种数量优于质量策略的基因仍然可以延续下去，即使每个后代存活的机会较少。

投资越多的性别择偶就越挑剔。投资较少的没有那么挑剔，而是争夺更挑剔的异性——在某些情况下是身体争斗，在另一些情况下，比如孔雀，则是展示出令人印象深刻的仪态。这就解释了为什么一般来说，是男人追求女人，而女人选择男人。

然而，这种投资在一些物种中是反过来的，因此角色也颠倒了。某些种类的海马是由雄性负责看管育蛋袋；因此是雌性求爱而雄性选择。[18]

如果双方投资相当，两性都会很挑剔。例如，冠毛小海雀是一种栖息在北太平洋和白令海的海鸟。[19] 一对交配的海鸟有一个后代，父母双方都要孵蛋和养育小鸟。雄鸟和雌鸟都有五颜六色的羽毛和前额的冠状突起羽毛，散发出强烈的柑橘香味，并能发出复杂的喇叭声。

人类的生物学特征决定了女性要在孩子身上投入巨资。男性则有选择的自由。有些男人很少投资。但是许多男人选择大量投资，为配偶和孩子提供食物和保护。其他灵长类的雄性都不会定期提供食物；雌性只能自己谋生。[20]

女人如果和一个有资源又有责任心的男人交配，她就更有可能成功抚养孩子。所以自然选择塑造了女性更喜欢有资源有地位的男性，地位与资源相关。这种偏好跨越了不同的文化，在拥有更多资源的女性身上尤为明显。[21]男人的年龄和身高与他的地位和资源相关；不同文化背景的女人都更喜欢高个子和稍微年长一点的男人。[22]女人根据面孔照片可以分辨一个男人是否有欺骗倾向并把资源转移到其他女人身上；欺骗者往往看起来更有男子气概，却没有更具吸引力。[23]男人分辨女人是否欺骗的能力要差一些。[24]就像前面的驼鹿和甲虫，投资很少的雄性有时候甚至连雌性和酒瓶或雕像都分不清。

与具有良好基因的男性交配的女性更有可能成功繁育健康的孩子。这些基因与睾酮水平相关。[25]睾酮能促进骨骼和肌肉生长，在青春期睾酮水平高的男性会长出更阳刚的脸，下巴更长更宽，眉脊更大。所以选择塑造了女性更喜欢面孔阳刚的男性。但有一个问题：睾酮激素水平越高，对后代的投资就越少，而且更容易出轨。[26]

女性面临着适应性权衡：要么与睾酮水平较低但投入程度较高的男人交配，要么与睾酮水平较高但投入程度较低的男性交配。这样的权衡在进化中很常见，更擅于权衡利弊的基因更有可能传递到下一代。女性的基因很有天赋，擅长从两种选择中获益：它们引导女性在月经周期的高受孕率阶段更偏好阳刚的面孔。[27]它们通过荷尔蒙和大脑活动在月经周期中调整女性对男性面孔的偏好，[28]增加她的孩子拥有良好基因和负责任的父亲的概率。

但是基因的偏好并不仅仅局限于男性的脸。它们还影响了女性对男性步态、体型、气味、声音和个性的偏好。[29]处于低受孕率阶段的女人会对她们的伴侣更忠诚，处于高受孕率阶段的女人则更容易出轨和幻想出轨，更爱打扮，和新认识的男性调情。[30]然而，如果一个女人的伴侣很有魅力，或者他的MHC基因——编码免疫系统——与她的基因互补，从而有可能让他们的孩子有更好的免疫，她就不会那么三心二意——这也是一种很聪明的策略，基因可以利用这种优势获得更好的适应性。[31]在大多数情况下，基因操纵行为选择的方式是塑造而不是强迫，不会被意识体验发现。

鉴于这些无意识的不择手段的基因阴谋，很难预测女人对男性虹膜的偏好。较小的虹膜意味着年龄更大，因此资源也更多。较大的虹膜表明年轻，因此基因也更健康。也许女性在受孕率低的时候喜欢较小的虹膜，而在生育能力高的时候喜欢较大的虹膜。萨姆姆内贾德的实验并没有测量受孕率，也没有发现虹膜大小的偏好，也许是因为她的数据平均了一个周期中的不同偏好。

虹膜的中心是瞳孔，让光线进入眼睛的开口。随着环境光线的明暗变化，瞳孔会收缩和扩张。但是，瞳孔也会对不同的认知状态（如兴趣或精神集中）以及情绪状态（如恐惧或吸引）产生反应而扩大。[32]随着年龄的增长，瞳孔的最大直径会减小。[33]

当男人看到微笑和大瞳孔的女人时，他会无意识地产生兴趣。由于性行为是成本较低的亲代投资，他觉得很有吸引力。[34]在一个实验中，一本待售的书封面是一个微笑的女人。在一部分书上，女人的瞳孔被人为放大。男人更喜欢买瞳孔较大的书，尽管他们不知道为什么。[35]他们发现了女人感兴趣的线索，虽然不太可靠：当女人的受孕率高时，性唤起会导致瞳孔扩大——除非她服用了避孕药。[36]

在萨姆姆内贾德的第一个实验中，她将虹膜调暗，这样瞳孔就不会显现出来，也不会产生影响。但是在第二个实验中，她研究了虹膜和瞳孔大小的相对变化是如何影响吸引力的。[37]在实验中，她每次向受试男性展示两张一样的女性照片，只是其中一张的虹膜和瞳孔更大。男性被要求选择更有魅力的面孔。正如预期的那样，他们选择了虹膜和瞳孔较大的那张：这些都是年轻和兴趣的线索。然后萨姆姆内贾德让这些人左右为难。在试验中，她每次向他们展示两张相同的照片，其中一张有较大的虹膜和较小的瞳孔。这迫使男性在表现出更少兴趣的"年轻"女人和表现出更多兴趣的"老"女人之间作出选择。不同的男人采取了不同的策略：一些人选择了年轻的面孔，另一些人选择了表现出兴趣的面孔。这种策略的变化对于自然选择的修剪手来说是小菜一碟。

低受孕率时，女性更喜欢有较小瞳孔也就是兴趣更低的男性。在排卵前几天，她们转而喜欢较大的瞳孔。[38]这种提前转变可能是为了让她们有时间创建和评估一份相互感兴趣的短期交往男人的清单。一些女人被"坏男孩"吸引，这样的男人"多变、轻佻、投机取巧、冷静、英俊、自信、自负"。[39]这些女性更喜欢瞳孔大一些的男性。

巩膜——眼睛的白色部分——影响吸引力。其他灵长类都没有白色巩膜。它们的巩膜是黑色的，可以让捕食者和自己的同类无法知道它们的注视方向，对它们来说，瞪视可能是一种威胁。[40]人类眼睛的白色巩膜标识了注视方向，使其成为社会交流的工具。它还展示了情感和健康。巩膜被结膜覆盖，结膜是一层薄薄的膜，包含毛细血管。某些情绪，如恐惧和悲伤，以及某些病理，如过敏和结膜炎，会导致血管扩张，使巩膜变红。我们的基因没有忽视这一点。将照片中的眼白人为地变红，就会看起来情绪化，不那么有吸引力。[41]肝病和衰老会导致巩膜呈黄色。美白巩膜能让面部更具吸引力。[42]

婴儿的巩膜很薄，下方的脉络膜使白色巩膜呈蓝色。随着年龄的增长，巩膜变厚，蓝色就会消失。所以蓝色巩膜与年轻有关联。男人更喜欢年轻的女人，而女人更喜欢稍微年长一点的男人，所以我猜测男人比女人更偏好蓝色巩膜。萨姆姆内贾德检验了这个猜测。她展示了一系列面孔，并让受试者用滑动条调整面孔巩膜的色调，从蓝色到黄色，直到看起来最有吸引力。女性将男性的巩膜调整为略带蓝色，而男性，正如猜测的那样，将女性巩膜调整得更蓝。[44]我们的基因再次抓住了微妙的适应性线索。这一点有个明显的应用。要让你的形象更有吸引力，不要只是漂白你的巩膜。加一点蓝色。女人应该比男人多加一点蓝色。

我们的眼睛湿润，闪烁着亮光，这增强了它们的吸引力。专业摄影师知道这一点，他们利用"捕捉灯光"来增强眼睛的亮点。画家们也知道这一点：维米尔的《戴珍珠耳环的少女》的眼睛闪烁着生命的光芒；蒙娜丽莎的眼睛没有光芒，从而增加了她的神秘感。动画片夸大亮点，以提高角色的吸引力。电影制作避免坏人的眼中出现亮点，使他们看起来毫无生气，而且十分邪恶。

眼睛上的亮点来自泪膜的反光，遮盖角膜和巩膜的泪膜由泪腺产生。[45]随着年龄增长或受疾病影响，如干燥综合征、狼疮、类风湿性关节炎、甲状腺疾病和睑板腺功能障碍，泪膜变薄，眼睛会变得干涩。干燥的眼睛反射的光线比泪膜充足的眼睛要少。[46]所以更明亮的光线标志着年轻和健康。

我们对吸引力的感知会发现这个信号吗？达伦·佩舍克发现的确如此。眼睛有亮点的脸比没有亮点或亮点暗淡的脸更有吸引力。但是，如果一只眼睛的亮度高于另一只眼睛，表明两眼不对称，那么吸引力就会大大降低。如果你在照片中添加高光，请注意让它们水平对齐。

并不是只有人类才会关注眼睛的亮点。例如，猫头鹰蝴蝶的翅膀上有假的猫头鹰眼睛，每只眼睛都有一个假的亮点。这种对细节的关注展现了进化中的军备竞赛，在这场竞赛中，随着饥饿的鸟类变得越来越有辨别力，为了吓唬鸟类捕食者，伪造的眼睛变得越来越逼真。在这场竞赛的某个时刻，基因变异——可能是影响比如嫁接基因、无远端基因刺猬基因或缺口基因[47]——在眼斑上涂上了一道亮光，这道亮光栩栩如生，足以吓跑鸟类，于是这种变异就流行了起来。这种军备竞赛一再发生：许多种类的蝴蝶和飞蛾为了生存都长了带有假亮点的眼斑。

假的高亮斑点还可以促进爱情。非洲偏瞳蔽眼雄蝶的眼斑如果长得好会让雌蝶兴奋不已。如果气味也达标，则无法抗拒。[48]为什么伪装的亮点如此诱惑？眼斑上有亮点的雄性更有可能吓跑掠食者和保命。被它吸引的雌性产下的后代也更有可能长有能吓跑掠食者的眼斑。因此，让她被吸引的基因更有可能传播开来。伪装的亮点能避免战争，因此能吸引爱慕。

对于眼斑，基因还有其他的策略。例如，雄孔雀大而艳丽的尾巴上有迷惑性的眼点，尽管尾巴太大会碍事，但能避免被捕食，因此足以得到母孔雀的青睐。[49]基因使用各种方案让自己延续到下一代，在爱情、战争和适应性的竞争中不择手段。

陆生动物的眼睛之所以会反光，是因为空气与眼睛泪膜的折射率不同。对于水生动物来说，这种折射率的差异消失了，眼睛里也就没有了反光。一些鱼类，例如眼斑虾虎鱼、安邦雀鲷和铜斑蝶鱼，进化出了吓阻捕食者的眼斑。但它们的眼斑没有亮点，因为水中的眼睛没有反光。伪造亮点的适应性收益取决于环境：在陆地上有，在水里没有。

你的基因利用各种欺骗手段让自己传递到下一代。1963年，在伦敦读研究生的威廉·汉密尔顿发现，人体内的基因也会设法将其他人体内的基因传递给下一代。不是随便谁的基因，而是与你有关联的基因。你有一半基因与你的兄弟姐妹和父母相同，四分之一与你的孙子孙女相同，八分之一与你的堂兄弟姐妹相同。汉密尔顿发现，如果某种策略给亲属的适应性带来的好处大于给自身带来的适应性成本，自然选择就会允许它存在。好处要大多少取决于你们之间的关系。你的兄弟姐妹得到的好处必须至少是你的成本的两倍；你的孙子孙女得到的好处至少是你的成本的4倍；你的堂兄弟姐妹得到的好处至少是你的成本的8倍。这个更宽泛的适应度概念被称为"整体适应度"，以区别于我们迄今为止讨论的"个体适应度"概念。[50]这两个概念并不矛盾。整体适应度只不过是一系列更广泛的将基因传递给下一代的策略。

整体适应度可以解释一些利他行为的进化，这些利他行为增强了他人的适应性，却使自己付出代价。一个例子就是贝尔丁地松鼠的示警声，这种地松鼠生活在美国西北部，位于食物链底层，是鹰、黄鼠狼、山猫、獾和土狼喜爱的食物。[51]如果贝尔丁地松鼠发现有鹰，它会尖叫示警，即便这样会暴露自己。它冒着生命危险提醒附近的其他松鼠。如果附近的松鼠都有尖叫示警的基因，这种策略就能帮助将这些基因传递给下一代，即使有时候哨兵会变成一顿美餐。虽然牺牲了一些松鼠，也正因如此，这些基因存活了下来；这是基因愿意承担的风险。然而，松鼠的利他主义是有限度的。当捕食者从陆地而不是空中袭来时，松鼠在尖叫前会迅速逃到安全的地方。

让你冒险拯救邻居的基因如果也存在于你的邻居体内，这个基因就能幸存下来。邻居的机会取决于你们的基因关系。因为我们无法检测DNA，我们的基因已经进化出了一些策略，这些策略虽然不可靠，但足以估计相关性。有一种策略假设，附近的同类——就是你同族的成员——比那些相距较远的更有可能与你的关系更密切。这往往是正确的，足以形成一个有用的启发式策略：对你经常见到的人表现出更多的利他主义。[52]

另一种策略是通过感官线索来估计相关性。例如，雌性贝尔丁地松鼠很大程度上依赖气味来判断亲缘关系，并且更喜欢气味更相近的松鼠。[53]

纽约大学心理学教授拉里·马洛尼和意大利帕多瓦大学心理学教授玛丽亚·德·马特洛发现，我们可以通过观察陌生人的面孔来判断他们的亲缘关系。我们从脸的上半部分收集到的关于亲缘关系的信息要多于下半部分。尤其是眼睛，在其中要占五分之一。[54]目前尚不清楚眼睛的哪些特征影响了我们对亲缘关系的判断。

我们在这一章已经看到，眼睛的特征，如角膜缘环，可以使我们具有吸引力，从而提高我们的个体适应度。碰巧的是，眼睛也能告诉我们亲缘关系，从而增强整体适应度。眼睛可能是心灵的窗户，但它们无疑也是进化中最重要的东西的窗户：适应度，无论是个人还是整体。

这一章我们重点关注眼睛之美，这既是为了简明，也是因为我们花在观察眼睛上的时间比其他任何事物都多。当然，我们的基因也通过大量其他感官信息来评估适应度，比如身高、体重、气味和音质。[55]

基因决定了男性对女性美的认知。需要明确的是，这个事实并不能证明性别歧视、父权制或对女性的压迫是正当的。基因影响我们的情绪和行为的发现并不能证明不平等的现状是正确的，正如基因影响癌症的发现不能证明癌症是正确的一样。相反，演化心理学的进展提供了理解和防止压迫的工具，正如分子生物学的进步提供了理解和治疗癌症的工具。

演化心理学揭示，我们对美的感知是对生育潜力的估计。这并不意味着我们做爱就只是为了繁衍后代。为某个功能进化出来的特征衍生出新的功能——也就是扩展适应——在自然界是很常见的。我们利用性来繁殖后代，但也用于情感纽带、玩耍、放松和享乐。

以对美的研究作为铺垫，我们将深入我们的核心问题：我们是否真实感知实在？我们会发现答案与直觉不符。如果我们的感官是由自然选择进化和塑造的，那么时空和物理对象就像美一样，存在于观察者的眼中。它们告诉我们的是适应度——而不是真相或客观实在。

3. 实在——无人在看的太阳

"从进化的角度来说，视觉只有在足够准确的情况下才有用……事实上，视觉之所以有用，正是因为它足够精确。总的来说，所见即所得。当它是真实的时候，我们就有了所谓的真实感知……即与环境中的实际状况一致的感知。视觉几乎总是如此。"

——斯蒂芬·帕尔默，《视觉科学》

1994 年 4 月 13 日，弗朗西斯·克里克写道："我不明白你为什么要挑剔神经元。你肯定相信太阳在有人感知它之前就已经存在。那么为什么神经元会有所不同呢?"几个星期前，克里克慷慨地送了我一本他的新书《惊人的假说》签名本。3 月 22 日，我读了这本书并给他写了一封信，感谢他送给我这本书。我还对书中的假说提出了一个问题:

也许你可以帮我摆脱一个看似矛盾的问题。我完全同意你的观点，即"看是一个主动的、建构性的过程"，我们所看到的"是对世界的符号性解释"，以及"事实上我们对世界中的对象没有直接的认识。"事实上，我认为感知就像科学一样，是根据现有证据构建理论的过程。我们看到我们相信的理论。就像你说的，"看就是相信。"

在这些问题上，克里克和我观点一致，但与常识不符，因此需要进一步讨论。我们大多数人并不声称确切知道视觉的工作原理。但是如果被追问的话，我们可能会推测跟摄像机差不多。我们相信，无论有没有人在看，都存在一个真实的三维世界，其中存在真实的对象，如红苹果和缥缈的瀑布。当我们看的时候，相当于拍摄一段这个世界的视频。里面没什么复杂的，而且大多数时候都运作得很好——我们的拍摄是准确的。

但是常识会让我们意外。神经科学家发现，每当我们睁开眼，数十亿神经元和数万亿突触就开始活跃起来。大约三分之一的大脑皮层——我们最先进的计算能力——负责视觉。如果认为视觉只是拍视频的话，这一点可能会出乎你意料。毕竟，早在计算机时代之前，就有了摄像机。那么，当我们在看的时候，大脑到底在计算什么呢？又是为什么呢？

神经科学家的标准答案是，大脑实时构建我们对苹果和瀑布等对象的感知。[1]它构建这些感知是因为眼睛本身看不到苹果和瀑布；我们的眼睛有大约1.3亿个感光细胞，它们只关心一件事情：刚刚捕获的光子数量。因此，感光细胞是光子计数器，只会发布乏味的报告，比如，1号感光细胞：20个光子；2号感光细胞：3个光子；……；130000000号感光细胞：6个光子。在感光细胞里，没有诱人的苹果，也没有壮观的瀑布。只有一串乏味的数字，没有明显的含义。赋予这堆数字以意义，理解这些没有生命的数字对生命世界的意义，是一项令人敬畏的任务，以至于数十亿神经元，包括眼睛内部的数百万神经元，都要参与进来。这不像是把希腊语翻译成英语，更像是侦探工作：数字是神秘的线索，大脑必须像福尔摩斯一样敏锐。或者就像理论物理学一样：数字是实验数据，大脑则必须像爱因斯坦。通过聪明的侦探工作和理论化，你的大脑将一堆乱七八糟的数字解释为一致的世界，而这种解释就是你所看到的——你的大脑能够产生的最好理论。

这就是为什么克里克声称，"看是主动的建构过程"，我们所看到的"是对世界的符号性解释"，"事实上我们对世界中的对象没有直接的认识"，看就是相信你最好的理论。我同意克里克的观点。

不过接下来我提出了我的悖论。如果我们看到的一切都是我们的建构，那么如果我们看到神经元，则神经元也是我们的建构。但是我们构建的东西在我们构建它之前是不存在的（太糟糕了；在构建之前搬进我的梦想大厦要便宜得多）。所以神经元只有在我们构建它们之后才会存在。

我在3月22日的信中写道，这个结论"似乎与惊人的假说——即神经元先于我们的感知存在，并且与我们的感知有因果关联——是矛盾的。"

我没指望克里克会认同我的论点。但我想知道为什么。他在1994年3月25日的回信中写道："一个合理的假设是，我们对真实世界的了解有限，而且在任何人将神经元视为神经元之前，它们就已经存在了。"（重点是克里克强调的，他在下面画了线。）

大多数神经科学家都会同意克里克的观点，即可以合理地假设神经元在被任何人感知为神经元之前就已经存在。但我想更好地理解他关于感知与实在关系的思想。因此，在1994年4月11日的一封信中，我进一步追问："正如您所说，我们可以假设，在任何对神经元的表征之前，神经元就已经存在于世界中。但是这个假设虽然合理，却是无法验证的。我们怎样才能从原则上对它证伪呢？"

克里克在4月13日对此回复道："我不明白你为什么要挑剔神经元。你肯定相信太阳在有人感知它之前就已经存在。那么为什么神经元会有所不同呢？"不过正如我所希望的，他随后分享了他对感知和实在的想法。"我的看法跟康德一致，人们必须区分物自体（上面例子中的太阳）和'对物的思维'，前者本质上是不可知的，后者是我们的大脑构建的。然后争论就变成了所感知的是符号性建构。太阳自体可以是知觉的对象。我们对太阳的思维是符号性建构。对太阳的思维在建构之前并不存在，但是太阳自体存在！"

说得太对了。克里克反对形而上学唯我论，唯我论认为我和我的体验是存在的一切，对此我也反对。根据唯我论，如果我看到你，那么你就存在，但只是作为我的体验而存在。当我闭上眼睛，你就不复存在。我身处一个由我自己创造的宇宙中，一个由我的体验构成的宇宙。我孤身一人。这个我不能加入唯我论者协会，或不无讽刺地奇怪其他人不是唯我论者。

克里克信奉形而上学实在论。即使没有人在看，太阳自体仍然存在。我只是构建了我对太阳的感知——我对太阳的思维。

我们大多数人都是形而上学实在论者。这似乎是一个很自然的观点。就像我们在第1章讨论的，假设你睁开眼睛，有一个体验，你描述为1米开外的红色西红柿。然后你闭上眼睛，你的体验发生了变化，变成了一片灰暗。当你闭眼时，1米外还有红色西红柿吗？我们大多数人都会说有。我们相信这个西红柿的存在，即使没有人在看，这也就是克里克所说的"西红柿自体"。它不同于你对西红柿的体验（或者，用哲学家的话来说，"你如同西红柿的体验"），你"对西红柿的思维"。

克里克在信中说，物自体——西红柿自体或神经元自体——"本质上是不可知的。"但我们大多数人不这么认为。我们相信，例如，西红柿自体，就像我们的体验，是红色的，西红柿形状，离我1米远。我们认为体验准确地描述了物自体。

我怀疑克里克也相信这一点。他认为，我们的神经元理论准确地描述了神经元本身。神经系统科学家通过显微镜观察到的神经元的三维形状告诉她神经元自体的真实形状。他从微电极听到的滴答声告诉他神经元自体的真实活动。克里克在他的书中写道："惊人的假说就是'你'，你的欢乐和悲伤，你的记忆和志向，你的个人身份感和自由意志，实际上只不过是一大堆神经细胞及其相关分子的活动……'你只不过是一堆神经元而已。'"克里克的意思显然是指一堆神经元自体，而不是一堆关于神经元的思维。

于是我在1994年5月2日又给他写了一封信，询问他对这个核心问题的看法。

"惊人的假说还无法检验。因为在实验中观察到的是对神经元的思维，而不是神经元自体。在我看来，弥合这一鸿沟的唯一方法，就是假设神经元自体，在重要的方面，与我们对神经元的思维相似。(这些话，如果正确的话，也适用于太阳等自体。我们可以称之为桥梁假说……)简而言之，我认为惊人的假说，即使是改进形式，也是无法检验的。或者更确切地说，只有在承认桥梁假说的前提下才是可检验的，而桥梁假说断言的是感知和不可感知之间的关系，本身就是不可检验的和可疑的……物自体是本体论的负担，对科学事业没有用处。"

我不相信关于负担的那部分，我想克里克也不会相信，但我想听听他的想法。

克里克在1994年5月4日回应说:"我不认为放弃'物自体'是明智的，因为这个思想在提醒我们不可知的事情上是有用的。它只不过是一种能让我们有效沟通的假设，但它是所有科学的标准假设，(我认为)甚至包括量子力学。只有当我们讨论感质(qualia)时，问题才会变得微妙起来。"

感质这个术语有时被哲学家用来指称主观意识体验——例如看到红色或闻到咖啡的香味。我会避免使用这个术语，因为关于它的确切定义经常引发争论。我更倾向于谈论意识体验。

克里克继续说道,"事实上，我们目前对大脑运作方式的试探性看法表明，感质的某些方面是无法交流的。更确切地说，问题在于解释为什么会存在感质。我们的立场是，在过分担心感质的这个方面之前，我们应该尝试找出NCC（意识相关神经活动）。"

克里克对物自体持务实态度：它是一种能让我们有效沟通的假设（"假设"和"有效"是他强调的）。他对意识体验的问题很坦诚。他认为，它们的根本存在在当时还很难解释。在探索DNA的过程中，克里克受到了薛定谔的《生命是什么》中关于基因的思想的很大启发。显然，克里克也受到了同一本书中薛定谔关于意识体验的思想的影响："物理学家对光波的客观描述无法解释色彩感。假如生理学家对视网膜的变化过程，及该变化在视神经簇和大脑内引发的相应神经变化过程，有更充分的了解，他们是否能对此作出解释呢？我不这样认为。"

但是克里克认为，物自体可以用我们对物的思维——在空间和时间中移动的物体——的词汇来描述。例如，热自体是分子在空间和时间中的运动，神经元自体是形状和活动随空间和时间演化的物体。他认为我们对物的思维真实地描述了物自体，所以用同样的词汇能描述这两者。我认为这个假设是不合理的。但克里克认为物体、空间和时间同样适用于物自体。

克里克的观点得到了神经科学家戴维·马尔的支持，20世纪70年代末80年代初，马尔彻底改变了我们对视觉的理解。克里克在英国时就认识了马尔。克里克后来去了圣地亚哥索尔克研究所，马尔则去了MIT。1979年4月，马尔和他的同事托马索·波吉奥在索尔克访问了一个月，与克里克讨论视神经科学。

马尔认为，我们的感知与实在基本相符，我们对物的思维正确描述了物自体。正如他在 1982 年出版的《视觉》一书中所说："通常我们的感知过程能正确运转（它呈现了对外界的真实描述）。"他认为这种感知和实在之间的匹配是漫长的进化过程的结果："我们……非常准确地计算出外界真实可见表面的确切属性，视觉系统进化的一个有趣方面，是逐渐朝着让视觉世界呈现更多客观方面这一困难任务前进。"

马尔认为，人类的视觉系统进化出了与物自体的真实结构相匹配的对物的思维，尽管这种匹配并不总是很完美："通常我们的感知处理都能正确运转（它呈现对环境的真实描述），虽然进化使得这个过程能适应各种变化（比如不稳定的照明），但水对光线的折射造成的干扰并不是其中之一。"但马尔总结说，通过收益和成本的折中，自然选择塑造了我们的感知，使之与实在相符："收益是更多的灵活性；成本是分析的复杂性，以及分析所需的时间和大脑规模。"

克里克认为，物自体是一个有用的假设。马尔基于进化论进一步论证，我们的感知，我们对物的思维，准确地描述了实在—— 物自体。在 1994 年与克里克的交流中，我没有反驳马尔基于进化论的桥梁假说。

事实上，我对感知和实在的想法受马尔影响很大。1977—1978学年，我在加州大学洛杉矶分校（UCLA）的人工智能研究生课上第一次接触到他的思想。当时我还在读大四，正在攻读定量心理学的文科学士，但爱德华·卡特里特教授慷慨允许我参与他的研究生课。我们讨论了马尔的一篇论文。这篇论文在风格和内容上都很吸引我。马尔建立的视觉模型很精确，可以编成计算机程序。如果将计算机与摄像机连接，这些程序就可以分析从摄像机接收到的图像，并推断出附近环境的三维结构等重要特征。马尔的目标很明确：创建精确的人类视觉模型，并用它们来制造具有视觉的计算机和机器人。

我被迷住了。这个人在哪里，我能不能和他一起工作？我很惊讶地得知马尔在 MIT 心理学系工作。MIT 的心理学？我认为 MIT 的优势是数学和自然科学，而不是心理学。后来我得知，马尔也是人工智能实验室的成员。我决定申请去 MIT 读他的研究生。当时冷战进入白热化阶段，我在 UCLA 为冷战效力，受雇于休斯飞机公司，用一种名为 AN/UYK-30 的微处理器的机器码为 F－14 等战斗机编写飞行模拟器和驾驶舱显示程序。我于 1978 年 6 月从 UCLA 毕业，在休斯继续工作了一年，然后于 1979 年秋天进入 MIT 跟随马尔读研究生。

我很快得知马尔患有白血病。14 个月后，1980 年 11 月，他不幸去世，终年 35 岁。但是这 14 个月超出了我的预期。马尔本人同他的作品一样富有启发性。在一群有活力的学生和杰出的同事中间，他是中心。讨论很活跃，跨多个学科，并且没什么禁忌。

期间有好消息。马尔病情缓解，与露西娅·瓦伊娜结婚。也有坏消息。那年春天，心理学研究生杰里米在获得博士学位的第二天自杀了——传言是氰化物。所有研究生都很震惊。几天后，当我经过人工智能实验室八楼马尔的办公室时，他招手喊我进去。"如果你想结束自己的生命，请先来找我。生活是有意义的。"

此后马尔来实验室参与讨论时，明显变得虚弱，用手帕掩着鼻子和嘴巴。很快，令人难受的是，他再也来不了了。马尔还在的时候惠特曼·理查兹是我的合作导师，他是杰出的心理物理学家，也是马尔思想的拥护者。马尔去世后他成为我唯一的导师，并且我们一直是好朋友，直到2016年他去世。

我在1983年春天获得博士学位，并在秋天加入了加州大学欧文分校认知科学系。1986年，我开始怀疑马尔的说法，即我们的进化是为了"看到外部环境的真实描述"。我还怀疑，我们的感知语言——空间、时间、形状、颜色、质地、气味和味道等语言——能否构建出对环境的真实描述。这些其实是错误的语言。但在1994年，我还无法为克里克给出一个反驳马尔说法的有力论据。

相反，倒是有一种常见的论证支持这一说法：我们的祖辈中，那些能更准确看清实在的人比看得不那么准确的人更具竞争优势。他们更有可能将基因传递下去，这些基因编码了更准确的感知能力。我们是那些每一代都能看得更准确的人的后代。所以我们可以确信，经过数千代的演化，我们能看到实在的本来面目。当然，不是所有实在。只是那些在我们的生境中对生存很重要的部分。就像比尔·盖斯勒和兰迪·迪尔说的："一般来说，更接近真相的（感知）估计比那些离谱的估计更有用。"[2]因此，"在自然条件下，人类的大部分感知是真实[准确]的。"[3]

进化论专家罗伯特·特里弗斯对进化的洞察改变了我们对社会关系的理解，他也提出了类似的论点。"我们的感官已经进化到可以给我们非常详细和准确的对外部世界的观察……我们的感觉系统能给我们详细和准确的实在观，如果关于外部世界的真相能帮助我们更有效地在其中导航，这就是顺理成章的。"[4]

视觉科学家在许多技术细节上存在分歧，例如行为的作用和感知的表象，以及感知是否涉及构造、推理、计算和内部表征。但是他们在一点上是一致的：我们的感知语言适合描述没有人注视时存在的东西；而且，在一般情况下，我们的感知是正确的。

例如，在《视觉科学》一书中，斯蒂芬·帕尔默认为"从进化的角度来说，视觉只有在相当准确的情况下才有用。"这种观点认为，更真实、更符合客观世界状态的感知也更具适应性。所以自然选择让我们的感知越来越真实。

大多数感知理论专家认为，大脑创造了外部世界的内部表征，而这些内部表征决定了我们的感知体验。他们认为，我们的体验是真实的，这意味着这些内部表征——也因此我们的体验——的结构，符合客观世界的结构。

阿尔瓦·诺和凯文·奥里根告诉我们："感知者需要了解环境细节。"[5] 阿尔瓦·诺和奥里根认同大脑创建了外部世界的内部表征，但是认为这些内部表征不决定我们的体验。相反，他们认为感知体验产生于我们对客观世界的主动探索，以及在这个过程中发现的我们的行为和感知之间的意外性。但他们还是认为这个过程能产生真实的感知体验。

齐格蒙特·皮兹洛和他的同事告诉我们，"真实性是感知和认知的本质特征。这是根本。<u>没有真实性的感知和认知就像没有守恒定律的物理学。</u>"[6] 强调是他们加的。皮兹洛认为我们的感知是真实的，因为进化塑造了我们的感官系统来感知外部世界的真实对称性。

杰克·卢米斯等研究者认为我们的感知和客观实在有相似之处，但他们也认为我们的感知可能存在系统性错误，尤其是形状感知。[7] 不过这些研究者还是认为我们的感知语言是能真实描述外部世界的正确语言。

但是，尽管专家们普遍认同这一点，我仍然怀疑自然选择是否偏好能描述实在的感知。更进一步，我怀疑自然选择偏好的感知是否能容许对实在的真实描述。并不是说我们的感知偶尔会夸大、低估或出错，而是说我们的感知词汇，包括空间、时间和物体，无法描述实在。

我在马尔的《视觉》一书中找到了一个疑点，他有一个论证针对的是苍蝇和青蛙这类更简单的生物。"像苍蝇这样的视觉系统……并不是很复杂，捕获不到许多关于外部世界的客观信息。这些信息都非常主观。"他认为，"苍蝇不太可能对周围世界有任何明确的视觉表征——例如，没有对表面的真正概念。"但他认为，尽管苍蝇不能表征世界，但仍然能生存，因为它们可以例如"以足够频繁的成功率追逐配偶"。[8]

然后马尔解释了为何"视觉不能真正表征世界的"简单系统仍然能进化出来。"这种简单性的一个原因肯定是这样的系统能为苍蝇提供生存必需的信息。"[9]

马尔认为，自然选择也许会偏好不能表征客观实在的简单主观感知，只要它们能引导适应性行为。这就提出了一个问题：什么条件下自然选择会偏好真实感知而不是主观感知？马尔回答说：当生物变得更加复杂时。他声称，人类拥有真实感知，而简单的苍蝇则没有。但这是正确的吗？

也许不是。认知科学家史蒂芬·平克解释了为什么自然选择可能不支持真实感知。在我读研究生的最后一年，平克正好开始在MIT当助理教授。我有幸选了他的一门课，与他成了好朋友。以平克的创造力、敏锐的逻辑和博览群书，他必将对认知科学作出杰出贡献，事实也的确如此。他的《心智探奇》一书引起了我对演化心理学的兴趣。[10]在读他的书之前，我了解演化心理学，知道勒达·科斯米德斯和约翰·图比的开创性工作。事实上，在1991年，我曾试图说服我所在的系为勒达提供一个教员职位，但没成功——演化心理学一直存在争议，现在仍然如此。它被指责缺乏可检验的假说，为令人厌恶的道德和政治观点辩护，并认为人类行为由基因决定，很少受到环境影响。这些指责具有误导性。

平克的书说服了我将感知作为自然选择的产物来加以研究。他提出了一个惊人的观点:"自然选择通过进化塑造我们的心智是为了解决对我们的祖先生死攸关的问题,而不是为了正确的交流。"这个观点很重要。自然选择塑造我们的心智是为了解决生死攸关的问题。仅此而已。塑造它们不是为了正确的交流。我们的信念和感知是否碰巧是真实的,这是需要仔细研究的问题。

杰里·福多在评论《心智探奇》时认为,这样的研究没有必要,因为科学上没有任何东西"表明或者暗示,认知的正确功能不是对真实信念的锁定"。[11]

平克在回应中给出了几个理由,解释为什么进化出来的信念有可能是假的。[12]例如,符合实在的计算会耗费大量时间和精力,所以我们经常使用试探法,冒着错误或过时的风险。不过平克还是承认,"对于我们周围中等大小物体的分布,我们确实有一些可靠的观念。"[13]

我们周围的那些中等大小的物体——桌子、树和西红柿——到底是不是这样呢?当我们看到它们时,感觉看到了真相。大多数视觉科学家都同意:如果我看到一个西红柿,然后闭上眼睛,西红柿仍然在那里。

但是,我们会不会错了?有没有可能没有人看的时候就没有西红柿?甚至没有空间和时间?没有神经元?没有神经活动引发或成为我们的意识体验？有没有可能我们看不到实在的本来面目？

史蒂芬·霍金和列纳德·蒙洛迪诺则提出了依赖模型的实在论："根据依赖模型的实在论，问一个模型是否真实是毫无意义的，只能问它是否与观察结果一致。如果有两个模型都与观察结果一致，那么就不能说其中一个比另一个更真实。"[14]

霍金和蒙洛迪诺接着问："如果我走出房间后看不到桌子，我怎么知道它还存在？……你可以有这样一个模型，当我离开房间时桌子就会消失，而当我回来时桌子又会出现在同样的位置，但是那样会很怪异……桌子保持不动的模型要简单得多，而且与观察结果一致。"[15]

事实上，如果两个模型都与观察结果一致，简单的模型会更受欢迎。但是到目前为止，尽管有天赋的神经科学家作出了很大努力，神经元模型仍然无法解释意识体验的来源、本质和数据：还没有哪个理论能基于神经元和神经活动解释意识体验的观察结果以及与它们相关的神经活动。也许正是基于神经元的模型阻碍了我们在理解意识来源方面取得进展。

几个世纪以来，哲学家们一直在讨论感知和实在的关系的难题。我们能否将这个哲学难题转化为精确的科学问题？达尔文的自然选择理论能提供确切的答案吗？

2007年，我决定尝试一下。现在是时候看看神经元理论到底行不行，看看我们是否该改变思路。

4. 感官——适应胜过真实

"我没有想到，几年后我会遇到很类似万能酸的思想，达尔文的思想：它侵蚀了几乎所有的传统思想，并在其中唤醒了革命性的世界观，大多数古老的地标仍然可以辨认，但发生了根本性变化。"

——丹尼尔·丹尼特，《达尔文的危险思想》

"如果你问我，我的理想是什么，那就是让每个人都明白，在一个平凡的物理世界中，他们自身的存在是多么非凡、多么了不起。这个过程的关键在于自复制。"

——理查德·道金斯，收录在约翰·布罗克曼的《生命》

我们大多数人认为我们看到的是实在本来的样子；如果你看到一个苹果，那是因为真有一个苹果。许多科学家认为，这要归功于进化——准确的感知能够提升我们的适应度，因此自然选择对此有偏好，尤其是智人这类拥有更大脑容量的物种。大多数神经科学家和感知觉专家都认同这一观点。他们有时会说，我们的感知能重现或重建真实物体的形状和颜色；许多人不愿明说，因为太明显了。

但他们是对的吗？自然选择偏好真实的感知？有没有可能我们

并没有进化为真实地看——我们对空间、时间和物体的感知并没有揭示实在的本来面目？没有人在看的时候，桃子就不存在？进化论能否将这个陈腐的哲学话题变成一个鲜明的科学论断？

有些人说不可能：认为没有人看的时候桃子就不存在，这个想法不科学得无可救药。毕竟，当没有人观察时，什么样的观察可以告诉我们发生了什么？没有。这是自相矛盾的。这个半生不熟的提议不能用实验来检验，所以是形而上学，不是科学。

这个反驳忽略了一点逻辑和事实。首先，从逻辑上说：如果我们不能验证没人在看的情况下桃子不存在的说法，那么我们也不能验证相反的、被广泛接受的桃子确实存在的说法。这两种说法都是假设没有人在看时会发生什么。如果一个不是科学，那么另一个也不是。没有人在看时太阳存在的说法，大爆炸发生在130亿年前的说法，以及科学中提出的其他类似说法，也都不成立。

其次，就事实来说：观察的确可以检验当没人在看时会发生什么的断言。没有意识到这一点是可以理解的。即使是杰出的物理学家沃尔夫冈·泡利也没有意识到这一点，他把这类断言比作"针尖上能坐多少天使的古老问题"。[1]但是1964年，物理学家约翰·贝尔证明他错了：有实验可以检验这种断言——例如，如果没有人观察，电子没有自旋。[2]贝尔定理把这样的断言从天使的国度引入了科学的领地。我们将在第6章对此进行讨论。

因此，这些断言属于科学范畴。那它们是否属于进化的范畴？

确切地说，我们是否可以问，自然选择偏好真实的感知吗？我们能指望进化论给出一个结论吗？

一些人认为不能：真实的感知也必然提高适应性。他们认为，真实和适应性不是竞争性策略，而是相同的策略，只是视角不同。[3]因此进化不能给出公正的裁决。

这个论证之所以不成立，是因为它忽视了适应性的一个简单特性：根据进化的标准描述，尽管适应性收益取决于世界的真实状态，但它们也取决于生物体、它的状态、行为和竞争。例如，粪便可以给饥饿的苍蝇带来丰厚的回报，但对饥饿的人类却没用。深海热泉在几千米深的水中喷射温度高达80摄氏度硫化氢，这给庞贝蠕虫带来了巨大的收益，但却给除了极少数极端微生物以外的所有生物带来了可怕的死亡。世界的某种状态(比如一堆粪便)和它给生物(比如一只苍蝇或一个人)带来的适应度收益之间的区别在进化中是必不可少的。

根据对进化的标准描述，即便面对的世界真实状态是一样的，收益也可能很不一样。因此，看到真相和看到适应性是两种截然不同的感知策略，而不是不同视角下的相同策略。这两种策略可以相互竞争。一种可能占优势，另一种可能灭绝。因此，这是一个核心问题，而不是概念错误，即：自然选择是偏好接近真实的观念，还是偏好接近适应性的观念？

有些人认为进化论不能解决这个问题，因为答案可能会反驳进化论本身。进化假定在空间和时间中存在物理对象，如DNA、RNA、染色体、核糖体、蛋白质、生物体和资源。如果不反驳自己，它就不能得出这样的结论：自然选择将真实的认知推向了灭绝。因为这个结论意味着，空间、时间和物理对象的语言是描述客观实在的错误语言。我们对时空中物体的科学观察，如DNA、RNA和蛋白质，不会是对客观实在的真实描述，即使这些观察使用了先进的技术，如X射线衍射仪和电子显微镜。这样进化论就会通过推翻自己的关键假设来反驳自己，这些关键假设在逻辑上等同于搬起石头砸自己的脚。

的确，达尔文自己说过，基于自然选择的进化假定存在"生物"。但是达尔文对自己的理论的总结暗示，真正重要的是一种抽象的算法——变异、遗传和选择。"如果确实发生了对任何生物有用的变异，那么具有这种性状的个体，在生存斗争中将会有最好的机会保存自己；根据强有力的遗传原理，它们趋于产生具有类似性状的后代。为了简洁起见，我把这个保存的原则称为自然选择。"[4]

这种变异、遗传和选择的算法适用于生物，但是，正如达尔文所认识到的，它也适用于更广泛和更抽象的实体，如语言。"各种语言，就像有机的生物一样，也可以层次性分类；这些类别可以推本溯源，划分为一些自然的类别，也可以根据其他特征，划分为人为的类别。占优势的语言或方言传播得更广泛，导致了其他语言或方言逐渐被取代而灭绝。"[5]

赫胥黎意识到达尔文的算法同样适用于科学理论的成功。"为生存进行的斗争不仅存在于物质世界，也存在于知识世界。理论是一种思维方式，它的生存力等同于它抵御竞争对手的能力。"[6] 理查德·道金斯提出，达尔文的算法适用于"模因"，即文化传播的单位，例如"曲调、思想、流行语、服装时尚、制作陶器或建造拱门的方式"。[7] 模因可以人际传递，可以在传递过程中被改变。"这片土地就是你的土地"最初是伍迪·格思里脑海中的一个模因，后来逐渐扩散到彼得、保罗、玛丽、鲍勃·迪伦和其他人的脑海中，成功地与许多歌曲竞争人类思维的有限时间、兴趣、注意力和记忆。许多我们从未听过的歌曲曾经是某人脑海中的一个模因，但复制没有那么成功。

达尔文的算法已应用于经济学、心理学和人类学等领域。物理学家李·斯莫林甚至把它应用到了宇宙学尺度上，他提出，每个黑洞都是一个新宇宙，一个更有可能产生黑洞的宇宙也更有可能产生更多的宇宙。[8] 我们的宇宙之所以具有它所具有的属性——例如弱、强相互作用力，引力和电磁力的强度——是因为它们有利于产生黑洞，并通过它们产生新的宇宙。与我们的宇宙完全不同的宇宙不太可能产生黑洞，因此也不太可能再生。

达尔文的算法不仅适用于有机生物的进化，还适用于其他各种领域，这种观点被称为广义达尔文主义。[9]（理查德·道金斯在提出达尔文的算法不仅支配地球上的生命进化，而且支配宇宙中任何地方的生命进化时创造了这个术语。）与现代生物进化理论不同的是，广义达尔文主义并不假定在空间和时间中存在物理对象。它是一个抽象的算法，并没有限定在什么基础上实现它。

广义达尔文进化论可以在没有反驳自身的风险的情况下，解决我们的关键问题：自然选择是否偏好真实感知？如果答案碰巧是"不"，那么它就没有搬起石头砸自己的脚。哲学家丹尼尔·丹尼特把广义达尔文主义的神秘力量比作万能酸："不可否认，在这一点上，达尔文的思想是一种万能溶剂，能够溶蚀视野范围内一切事物的核心。问题是：它留下了什么？我尝试阐明的是，在它穿透一切之后，留下的是我们最重要想法的更强大、更健壮的版本。一些传统的细节消失了，其中一些损失令人遗憾，但其他的则摆脱了束缚。留下的部分足以在此基础上继续发展。"[10]

我们可以将达尔文的理论应用于我们对真实感知的信念。我们会发现，这种信念必然消亡：自然选择使得真实的感知迅速灭绝。我们的感知语言——空间、时间和物理对象——根本不是描述客观实在的正确语言。达尔文的酸溶解了客观实在是由时空和物体（如DNA、染色体和生物体）组成的说法。留下的是广义达尔文主义，即使我们摈弃了时空和物体，我们仍然可以利用它。

我们该怎样使用这种酸？特别是，我们如何才能利用达尔文的抽象算法给出一个具体的答案？幸运的是，理论生物学家约翰·梅纳德·史密斯和乔治·普赖斯在1973年发现了一种方法——演化博弈论。[11]其中的基本思想通过例子最容易理解。

蝎子对友谊没兴趣。[12]当一只蝎子察觉到同类的动作导致的震动时，它会张开爪子紧紧夹住入侵者。入侵者会立刻卷曲尾巴，试图刺伤攻击者，于是蝎子各自用一只爪子抓住对方的尾巴，用另一只爪子抓住身体部位。直到其中一只蝎子刺入对方甲壳上的缝隙，执行注射死刑。然后它就开始进食，用消化液溶解并吃掉对方。这样的捕食并不少见。同类相食在蝎子的食物来源中占10%，雌性蝎子也认为在交配后吃掉对方是不错的主意。

在争夺配偶和领地的战斗中，一些动物——包括狮子、黑猩猩、人类和蝎子——会杀死竞争对手。但另一些战斗则遵循仪式或交战规则。[13]黑尾鹿经常用角激烈打斗，身体的其他部位不会受到伤害。为什么交战双方要在这样的比赛中遵守规则？为什么有这种明显不同于"大自然红牙血爪"和"在爱情和战争中一切都是公平的"的例外？

我们在一个简单的游戏中找到了答案，在这个游戏中，玩家使用鹰派或鸽派两种策略中的一种来争夺资源。鹰派总是会使冲突升级。如果对手升级，鸽派就会退缩。[14]鹰和鸽一样强壮。如果赢得比赛的收益是，比方说，20分，但受伤的代价是，比方说，80分，会发生什么？如果鹰派相互竞争，双方都不会退缩，直到其中一方受伤，另一方获胜。因为双方力量对等，都有一半的胜率，每赢一次能得20分。但也都有一半的概率受伤，每次受伤会损失80分。所以当鹰派互斗时，每局平均会损失30分。他们的适应度受损。如果鸽派相互竞争，双方也各有一半的概率赢得20分。但都不会受伤。所以每局平均赢得10分。他们的适应度会增加。如果鹰派遇到鸽派，鹰派赢，没有人受伤，鹰派得20分。鸽派什么也得不到。鹰派的适应度有所增加，而鸽派则没有。

我们可以将这个博弈简单表示为一个矩阵，如图2所示，该矩阵显示了行策略在与列策略竞争时的预期收益。例如，鹰派遇到鸽派时的预期收益为20，而鸽派遇到鹰派时的预期收益为零。

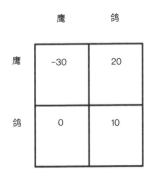

图2：鹰-鸽博弈的期望收益。例如，鹰派如果遇到鹰派，就会损失30分，但如果遇到鸽派，就会收益20分。©唐纳德·霍夫曼

如果收益是这样，自然选择会偏好什么策略？答案取决于鹰派和鸽派的占比。若所有人都是鹰派，则平均每个人在每场比赛中都会损失30分——这是一条通往灭绝的捷径。若所有人都是鸽派，则每个人平均在每场比赛中得10分，这是获得更好适应度的快速通道。

但有一个问题。如果所有人都是鸽派，只有一个鹰派，那鹰派怎么都能赢。它每次与鸽派竞争都能得20分，是鸽派得分的两倍多（鸽派在与其他鸽派的竞争中平均得10分，在与鹰派的竞争中没有得分）。更高的适应度意味着后代会更多。所以这个鹰派会繁殖更多鹰派。但鹰派的收益必定会在某个时候停止，因为正如前面说的，如果所有玩家都是鹰派，那么每个人平均都会损失30分——游戏在灭绝中崩溃。

鹰派的数量什么时候会停止增长？当鹰派占总数的1/4时。如果超过1/4的人是鹰派，那么鹰派平均得分就比鸽派少。如果不到1/4的人是鹰派，那么鹰派的收益就会高于鸽派。因此，从长远来看，最终会有1/4的人是鹰派。

在这个例子中，获胜收益20分，失败损失80分。如果把分数分别改成40和60，预期收益如图3所示，则最终会有2/3的人是鹰派。

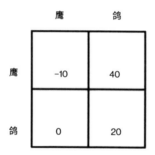

图3：第二种鹰 – 鸽博弈的期望收益。现在如果鹰派遇到鹰派，损失10分；但如果遇到鸽派，收益40分。©唐纳德·霍夫曼

适合度取决于收益和采用每种策略的玩家数量。如果绝大多数人都是鸽派，那么作鹰派更有利。如果绝大部分人都是鹰派，那么作鸽派更有利。自然选择的力量取决于每种策略的占比。[15]

这是一个关键。适应度不是单纯取决于外部世界，而是以复杂的方式取决于世界的状态、生物体的状态和策略的占比。

如果两种策略相互竞争，演化动力学就会变得复杂。我们看到鹰派和鸽派可以共存。但还有其他可能性。一种策略可能总是将另一种策略推向灭绝——压倒性。或者，每种策略都有机会将对方推向灭绝——双稳态。或者两种策略可能总是同样适应——平衡。

当3种策略相互竞争时，演化动力学允许循环，就像经典的儿童游戏石头–剪刀–布：剪刀赢布，布赢石头，石头赢剪刀。[16]当4种或4种以上的策略相互竞争时，演化动力学可能会有混沌，在其中一个微小的扰动可能就会使未来发生不可预测的变化。[17]也就是所谓的"蝴蝶效应"——这里的蝴蝶扇动一下翅膀（微小的扰动）可能会导致某处发生龙卷风（不可预测的后果）。

所有这些都可以用演化博弈论来研究。这个理论很强大，而且拥有适当的工具可以研究我们的问题：自然选择是否偏好真实的感知？

它给出了明确的答案：不。

这个答案就是所谓的适应胜过真实（FBT）定理，由我提出猜想，奇坦·普拉卡什证明。[18]考虑两种感知策略，对于有N种不同状态的客观实在，每种策略都能产生N种不同的感知：真实尽可能地看清客观实在的结构；适应看不到客观实在，而是根据相应的适应度收益调整，收益取决于客观实在，但也取决于生物体、它们的状态以及行为。

FBT定理：适应会迫使真实灭绝的概率至少为(N–3)／(N–1)。

它的意思是这样。假设一只眼睛有10个感光器，每个感光器都有两种状态。根据FBT定理，这只眼睛看清实在的概率不超过千分之二。如果有20个光感受器，这个概率是百万分之二；如果有40个光感受器，这个概率是百亿分之一；如果有80个光感受器，这个概率是百吉兆分之一。人类的眼睛有一亿三千万个光感受器。这个概率基本为零。

假设存在某种客观实在。FBT定理认为，自然选择不会塑造我们去感知实在的结构。它塑造我们去感知适应度，以及如何得到它们。

FBT定理已经在许多模拟中得到检验和证实。[19] 这些模拟揭示了即使适应要简单得多，真实通常还是会灭绝。

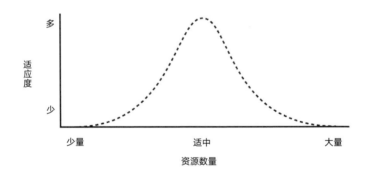

图4：适应度函数。在这个例子中，少量或大量资源都不利于适应。中等数量最利于适应。©唐纳德·霍夫曼

有一个特别的游戏揭示了真实的问题。构想一个人工世界，其中有一种叫作"克里特"的生物，它需要一种资源。如果资源太多或太少，克里特就会死亡。资源适量，克里特就能繁衍。（资源对克里特的影响就像氧气对我们的影响——太少或太多，我们都会死亡。）图4给出了不同资源数量下克里特的适应度。假设克里特只有两种感知：灰和黑。真实克里特尽可能地看到世界的真实结构：当存在较少的资源时，它看到的是灰色；当存在较多的资源时，它看到的是黑色。适应克里特尽可能地看到可获得的适应度：当资源对应的适应度较低时它看到灰色，当适应度较高时它看到黑色。图5展示了这两种策略，真实和适应。

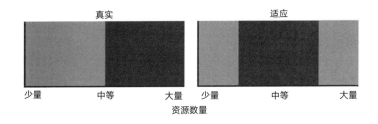

图5：看到真实与看到适应。真实看到的灰色阴影反映的是资源数量，而不是适应度收益。适应看到的灰色阴影反映了适应度收益。©唐纳德·霍夫曼

如果真实看到了灰色，它就知道资源较少。但是它对可获得的适应度一无所知。如果适应看到了灰色，它就知道可获得的适应度较少。但它不知道资源是太少还是太多。看到了真实没看到适应，看到了适应没看到真实。例如，我们自己的感官不能感知氧气；事实上，我们直到1772年才发现氧气。但我们的感官能感知适应：如果缺氧，我们会感到头痛，如果氧气太浓，我们会感到头昏眼花。同样，我们的感官也不能感知紫外线；我们直到1801年才发现紫外

线。但我们的感官能感知适应：如果我们受到了太多紫外线辐射，我们会感受到晒伤。

如果适应在寻找资源，当它看到一片黑色，它就知道接近是安全的。如果它看到一片灰色，它就知道要远离。而真实则会面临问题。如果真实看到一片黑色，它不知道它是否安全。如果它看到一片灰色，它仍然会有同样的问题。因此，真实与适应不同，它必须冒着生命危险去搜寻。真实不会让你自由，它会让你灭绝。

在图4中，随着资源数量的增加，适应度首先上升然后下降——形成钟形曲线。如果适应度一直增加，那么与适应度匹配的感知也会与真实匹配，但这只不过是因为两者相关。我们可以通过年轮来判断树龄，因为两者相关，年轮越多意味着树龄越长。但如果它们之间没有关联，如果某些年份会增加年轮，某些年份又会抹去年轮，那么年轮就不能告诉我们树的年龄。

如果适应度单调递增或递减，那么与适应度相匹配的感知也会碰巧匹配真实。这样自然选择就会恰好偏好真实的感知。这种可能性有多大？为了回答这个问题，我们计算单调递增或递减的适应度函数的数量。然后除以所有可能的适应度函数的数量。例如，如果有6个资源值和6个适应度收益，那么100个适应度函数中只有一个允许真实的进化。如果有12个值，则可能性为百万分之二。

进化就像踢足球，你通过比竞争对手得到更多分数来赢得胜利。自然选择偏好那些有助于我们得分的感知。如果适应度收益刚好与世界的某方面结构相关，例如资源的数量，那么进化就会恰好偏好真实。但对于简单感知来说，这种可能性很小，对于复杂感知来说，可能性更是微乎其微。

资源的结构可以是多或少，但其他结构也有可能，比如相邻、距离和对称。对于每种结构，我们都可以问适应度是否恰好与之相关。无论是什么结构，我们得到的答案都是一样的：随着世界和感知变得越来越复杂，机会骤降到零。在每种情况下，真实都会在与适应竞争时灭绝。

一些著名学者持相反观点。马尔认为，苍蝇由于其简单性，看不到真实，但人类由于其复杂性，能看到一些真实。[20]他认为，我们较大的大脑允许"逐渐朝着让视觉世界呈现更多客观方面这一困难任务前进"。[21]这符合我们的直觉，但违背了FBT定理揭示的进化逻辑。

认为我们的大脑体积在增长，从而具有看到真实的能力，这种观点也与一个进化事实相矛盾：我们的大脑正在缩小。[22]在过去的两万年里，我们的大脑已经缩小了10%——从1500立方厘米缩小到1350立方厘米——减少了一个网球的体积。我们的大脑重量与身体重量的比值（简称EQ）与其他哺乳动物的平均比值相比，已经在进化的一瞬间骤然下降。根据化石记录，这种骤降与气候关系不大，但与人口密度关系很大，因此我们可以推测，与社会的复杂性有关。这揭示了一个有趣的解释：社会的安全网减轻了成员的选择压力；一些不能独自生存或在小群体中生存的人，可以在更大的社会网络中生存。这种可能性现在还只是猜测，电影《蠢蛋进化论》中幽默地探讨过这一点。但我们的EQ减少是不争的事实。如果继续保持这个趋势，在3万年内，我们的大脑会回到50万年前，直立人大脑的大小。我们的大脑曾乘着自动扶梯上升；现在它们乘着电梯垂直下降。

达尔文的自然选择思想蕴含了FBT定理，这反过来又意味着我们的感知词汇——空间、时间、形状、色调、饱和度、亮度、质地、味道、声音、气味和运动——无法描述没有人注视时的实在。并不是简单地认为这样或那样的感知是错误的，而是我们用这种语言呈现出来的感知，没有一个是正确的。FBT定理与专家和外行的强烈直觉相悖。丹尼特是对的——达尔文的思想是一种"万能酸：它侵蚀了几乎所有的传统思想，并在其中唤醒了革命性的世界观，大多数古老的地标仍然可以辨认，但发生了根本性变化。"

这种革命性的观点引发了进化生物学变革。在达尔文的酸浴之后，广义达尔文主义的地标仍然清晰可辨：变异、选择和遗传。但时空中的物理对象从客观实在中消失了，这其中也包括那些对生物学至关重要的对象：DNA、RNA、染色体、生物体和资源。这并不意味着唯我论。在客观实在中存在着某种东西，在人类的认知中它以DNA、RNA、染色体、生物体和资源的形式对我们的适应度有重要影响。但是，FBT定理告诉我们，不管实在是什么，几乎肯定不是DNA、RNA、染色体、生物体或资源。它告诉我们有充分的理由认为我们所感知的事物，如DNA和RNA，并不能独立于我们的思维而存在。这是因为塑造了我们的感知的适应度收益的结构，有很高的概率与客观实在的结构很不一样。同样，这也不是对唯我论的支持：客观实在是存在的。但这个客观实在与我们感知到的时空中的物体完全不同。

这样的结论可能看起来很荒谬。也许有逻辑错误。我们找出错误就可以了。也许错误在于简化了演化博弈的假设。例如，这样的博弈忽略了显性突变，假设参与者无限多，并规定每个参与者都有同等机会与其他参与者竞争。这些简化通常是错误的。自然界中的生物存在突变，种群数量有限，并且与附近生物的互动更多。

演化博弈的确忽略了这些复杂性，聚焦于自然选择的影响。但是为了检验自然选择有没有偏好真实感知，这样的聚焦正是我们需要的。FBT定理告诉我们，结论很明显：它没有。

演化博弈忽略的一个重要机制是中性漂变，在这个过程中，对适应度没有影响的突变会在种群中随机传播。它甚至可能导致其他等位基因灭绝。这样的突变可以弱化自然选择的影响，从而导致在演化博弈中起决定性作用的适应度差异在一个有突变的有限种群中并不起决定性作用。例如，如果适应相对真实有100%的选择优势，那么，在种群数量无限的演化博弈中，真实在与适应竞争时一定会灭绝。但是在有100个真实玩家的游戏中，如果突变引入了一个适应玩家，那么真实灭绝的可能性只有一半。这是很大的区别。

但这对自然选择偏好真实的说法并不是利好。这种说法是错误的，无论种群是有限还是无限，无论突变是否显性。有限的种群可以减缓自然选择对真实的灭绝——就像炸桥可以减缓敌人坦克前进的速度——但不能使它变得友好。

如果我们希望模拟不同可能的玩家之间的互动，那么演化博弈就必须在网络上进行。[23]这个理论很难，还处于起步阶段。我们知道，玩家之间的交互网络能以复杂的方式放大或减缓自然选择的压力。在这个相对较新的领域，还有许多问题亟待解决。但是到目前为止，还没有有利于自然选择偏好真实的证据。网络结构可能会增加或延缓选择压力，但这些压力仍然敌视真实。

贾斯汀·马克在我的实验室读研究生时，用具有显性突变的遗传算法研究了有限种群中感知和行为的协同演化。[24]他创造了一个人工世界，在这个世界中，自主体可以搜寻资源，并得到适应度。它可以行走，寻找资源，吃掉资源，撞上围绕世界的墙。一系列基因决定了它的行为和感知。第一代自主体的基因是随机选择的，所以它们的行为和感知是随意的，甚至很滑稽愚蠢。有些自主体会反复撞墙，或者待在一个地方，或者不断尝试但什么也不吃。它们是如此愚蠢，以至于在觅食后，只得到了很少的分数。但有些自主体没有那么愚蠢。这些自主体将会"繁殖"，它们的基因会突变，产生下一代。这个过程重复了数百代。到了最后一代，所有自主体都能高效觅食，有了明显的智慧。问题是：它们进化到能看到真实了吗？

答案是否定的。即使让感知和行为协同演化几百代，真实也没有出现。最后一代自主体感知的是资源的适应度，而不是它们的真实数量。只有在适应度反映了世界结构的微弱机会下，真实才会出现。

这些模拟并不构成证明。但结果提示我们，演化博弈中真实的灭绝不能归咎于错误的假设。相反，真实之所以灭绝，是因为它追求的是实在而不是适应度，就像一个国际象棋棋手攻击的目标是车而不是王。

真实会灭绝的结论中还有没有潜藏其他错误？是不是真实感知的概念太强了？

考虑三种真实感知的概念。[25]最强的是"无所不知实在论"——我们看到的是实在的全部。然后是"狭隘实在论"——我们看到了实在的一部分，而不是全部。最弱的是"批判实在论"——我们感知的结构保留了实在的部分结构。如果FBT定理针对的是无所不知实在论或狭隘实在论，那我们的确可以无视它的结论——除了疯子和唯我论者，没有人声称无所不知，也很少有人支持狭隘实在论。但这个定理针对的是批判实在论，在感知科学和更广泛的科学中，这种真实感知的概念是最弱的，也是最被广为接受的。FBT定理并不是在攻击稻草人。[26]

也许这个定理对客观实在作了一个错误假设？它证明，感知到实在会导致灭绝。但什么是实在呢？这个定理又是如何先验地知道或推断什么是实在呢？在这一点上存在错误肯定会削弱这个定理。

的确如此。为了使这个定理有价值，它不能要求一个特定的客观实在模型，而是必须在普适条件下为真。出于这个原因，FBT 定理只假设实在有一组状态，而不管它是什么。什么的状态，定理没有说。它只假设状态或状态的子集可以有概率。但它没有限定具体的概率。

FBT 定理断言，即使观察者面对的实在具有无法用概率描述的结构，自然选择塑造的感知也会忽略它。这个定理除了声称我们可以讨论实在的概率之外，没有对实在的状态作任何假设。这个说法也许是错误的，但如果是这样，实在的科学就是不可能的，因为实验的概率结果与关于实在的概率判断无法联系起来。也许实在的科学是不可能的。我希望不是这样。FBT 定理直接假设了这样的科学是可能的，并以此为基础。

也许 FBT 定理与人类进化无关？也许理解人类进化还需要对人类彻底的人工智能模拟，以及对人类与所有其他生物和地球本身相互作用的模拟。也许，如果不进行这样的全面模拟，我们不可能明确我们能否进化到感知实在的本来面目。

的确，我们与环境的互动很复杂，甚至复杂得使我们的进化很混沌：对世界的无限小的改变，可能在以后引发一场结构性剧变。但是 FBT 定理仍然适用于人类进化。

一个类比可以帮助我们理解其中的原因。以彩票为例。成千上万的人出于各种原因购买了数百万张彩票，他们使用各种技巧来选择某个数字——生日、纪念日、幸运饼干上的信息。如果我们想预测有多少人会在下一轮开奖中获胜。我们需要完整模拟所有这些复杂性来得到答案吗？根本不需要。事实上，这只会分散注意力。我们真正需要的是一些概率原则，这些概率原则略去了大量细节。

FBT定理也是如此。它使我们能根据概率原则推测，有多少生物会进化到能感知实在的本来面目。这个定理的主要观点很简单：随着世界的复杂性增加和感知能力的提高，适应度能反映世界的任何结构的概率直线下降到零。混沌效应阻止了特定感知系统的精确预测，从而使这种系统不可能盛行。根据概率原则，真实所拥有的机会比你赢彩票的概率还小。

这是否意味着我们的感知欺骗了我们？并不是这样。我不会说我们的感觉是谎言，它顶多就像是电脑桌面把电子邮件表示成蓝色的矩形图标。我们的感官，就像桌面界面一样，职责不是揭示真相，而是指导有用的行动。FBT定理表明，随着感官变得越复杂，它们揭示客观实在真相的概率就越小。

也许FBT定理只对固定收益成立？如果收益波动很快，那么也许最好的策略就是看清实在？

我承认收益变化无常，就像天气一样，两者都取决于众多因素的复杂互动。但是收益无论怎样变化都不会有利于真实。真实，同适应一样，必须遵循多变的适应度收益序列。FBT定理表明，在这个序列的每一步，真实都不那么适应，这是会加速其毁灭的负担。

收益的波动不会有利于真实，同时也意味着通过自然选择的塑造，适应会反映出收益的差异，而不是绝对收益。我们在感知适应的研究中发现了证据。戴上玫瑰色眼镜，世界会显得微红，但不会持续太久，很快你就能看到正常的色域。盯着瀑布看一分钟，然后看附近的岩壁，岩壁似乎在上升，同时又矛盾地保持原地不动。在一个阳光明媚的下午，走进电影院，看起来是一片漆黑。但很快你就会看到灰色的阴影。盯着一张快乐的脸看一分钟，然后看一张中性表情的脸，看起来会显得悲伤。盯着一幅模糊的图像几秒钟，世界看起来会更清晰；盯着一幅清晰的图像，世界会显得模糊。人们认为，这种适应只不过是过度曝光导致的反常现象。但是认知科学家迈克尔·韦伯斯特的实验表明，这是所有层次的感知处理的一个基本特征。[27]改变感知环境，戴上玫瑰色的眼镜，你的感官会迅速适应，在新的环境中反映相对收益，它们能有效编码关于适应度的信息。

你也可以保持环境不变，只改变收益。布莱恩·马里恩在我的实验室读研究生时，曾让受试者玩一个游戏，让他们通过辨别颜色来获得分数。如果区分蓝色的分数给得比红色高，那么几分钟内他们就能更好地区分蓝色。[28]

如果感知反映了不同的收益，这就说得通了。在收益没有差异的情况下，看到差异也没有收益。哪里有收益差异，哪里就会有适时调整以看到差异从而获得收益——不追求完美，只要比竞争对手好一点点。适应场景和收益是同一个过程的两个方面，即追随适应度收益。适应并不是奇特的异常，它出现在所有层次的感知处理中，原因在于追随适应度收益不是奇特的异常——它就是游戏的全部。

但是对自然选择和适应性的强调引出了另一个反对意见，心理学家赖纳·毛斯菲尔德指出："自然选择在复杂生物系统进化中的实际作用并不是那么明显……近年来，进化生物学积累了大量证据，表明绝大多数进化变异与自然选择关系不大。"毛斯菲尔德担心这里讨论的论点将自然选择作为"几乎是调节进化变异的唯一因素"。[29]

自然选择确实与许多因素协同作用。正如我们曾讨论过的，存在遗传漂变——中性等位基因的随机扩散，它对种群的适应性没有影响。这种情况更有可能发生在数量较少的种群。有些人认为，这种漂移是分子进化的主要原因。[30]随着生态位的改变，今天的中性漂移可能会成为明天的游戏规则改变者。

物理学也有影响。例如，重力制约了四肢运动的稳定性和血液循环——导致了大多数动物双侧对称性的进化，也制约了脖子进化得比长颈鹿脖子更长。然后是化学。在自然界存在的92种元素中，有6种——碳、氢、氮、氧、钙和磷——占据了生物体质量的99%。还有连锁：染色体附近的等位基因在减数分裂期间倾向于一起遗传。有多效性：一个基因可以影响表型的不同方面，有时对适应性有相反的影响。

毫无疑问，进化变异还有其他因素。而且，就我所知，毛斯菲尔德可能是对的，绝大多数进化变异与自然选择几乎没有关联。但是这里的论证没有问题。问题不在于自然选择在多大程度上影响了进化变异，而在于自然选择本身的方向。例如，没有人会认为基因漂变的进化过程会使我们能感知实在。基因漂变不能解决这个问题。物理、化学、连锁或基因多效性也不能。当真实感知的支持者利用进化论为自己的观点辩护时，他们辩称，真实感知是更具适应性的感知，即感知实在具有选择优势。无论自然选择是否是进化的主要推动力，真实感知的支持者所依靠的力量仍然是自然选择，这似乎也是他们唯一可以依靠的力量。

FBT定理揭示的是，无论自然选择的力量是大是小，它都不能使我们的感知变得真实。对于想用自然选择为真实感知辩护的人来说，这是个坏消息。

也许FBT定理犯了另一个相当基础性的错误。哲学家乔纳森·科恩说："感知状态有内容——直观上，它们携带了关于这个世界的信息，这些信息可以被判定为真或假。"[31] 举个例子，如果我有一个感知体验，我把它描述为在1米外看到一个红色西红柿，那么我的体验内容：它对这个世界的描述，可能是事实上在1米外有一个红色西红柿。事实上，在许多哲学论述中，这是一个标准说法。

但是FBT定理并没有明确限定感知体验的内容可能是什么。它只是说，无论体验的内容是什么，它都不是真实的。

科恩认为，这是一个错误，因为"事先不知道它在说什么，你就无法判定它是否真实"。[32] 如果我说"一加一等于二"，你可以判定这个陈述是否为真，因为你知道它在说什么。但是如果我说"吧啦吧啦吧啦"，你就不知道这个陈述是否为真，因为它没有意义。它没内容。

如果科恩是对的，那么FBT定理在一开始就犯了基础性错误。它并没有预先告诉我们感知体验的内容是什么——我们的体验说了关于这个世界的什么。因此，这个定理不可能告诉我们感知体验是否是真实的。这个定理从一开始就是徒劳。

幸运的是，对于FBT定理，这里没有问题。哲学家们在对形式逻辑的研究中告诉了我们为什么。假设我告诉你p和q是某个特定的陈述，但是我不告诉你这两个陈述是什么。然后假设我进一步陈述，"p为真或q为真。"如果我问你最后这个陈述是否正确，你只能耸耸肩；如果我不透露p和q的内容，那么，正如科恩所说，你就不能回答这个问题。但是假设我这样陈述，"如果p为真或q为真，那么就可以得出p为真。"现在我问你这个陈述是否正确。你就不用再耸肩了。你知道这个陈述是错误的，即使你不知道p或q的内容。

这就是逻辑的力量，更广义地说，是数学的力量。它允许我们仅凭逻辑或形式结构来评估大类陈述为真或为假。数学家们在集合上证明了关于函数和其他结构的定理，却从未回答过"什么集合？"他们不在乎。这无关紧要。无论是一堆苹果、橘子、夸克，还是可能的宇宙，这些定理都成立。无须提前限定集合元素的具体所指。

尤其是作为互联网和电信基础的信息论，这一丰富领域拥有强大的工具和定理，详细说明了如何构造和传递信息，却从未具体说明任何信息的内容。[33]具体的内容是无穷无尽的，但它们都遵循特定的规则，使我们能够创造一种严格的科学——信息论——适用于任何内容的信息。这个洞察是FBT定理的基础，该定理基于广义达尔文主义的形式结构，来告诉我们关于任何进化的感知系统的普遍事实，不管它们的具体内容是什么。

FBT定理不需要感知内容的先验理论。但是，与科恩提出的逻辑相反，这个定理实际上限定了感知内容的可接受理论。特别是，根据FBT定理，任何内容理论，如果假设在正常情况下感知是真实的，则几乎肯定是错误的，因为我们进化是为了针对适应性来感知和行动，而不是为了感知客观实在的真实结构。这适用于我们对周围中等尺寸物体的感知。当我有一个我描述为1米外的红色西红柿的体验时，这个体验的内容并不是，在客观实在中，即使没有人在看，1米外有一个红色西红柿。也因此，FBT定理驳斥了感知哲学中目前提出的所有内容理论。[34]

FBT定理扩展了进化理论学家罗伯特·特里弗斯的洞察："传统观点认为自然选择有利于神经系统产生更准确的世界图景，这肯定是非常天真的心理进化观点。"[35]根据FBT定理，这也是关于感知进化的非常天真的观点。

史蒂芬·平克总结得很好："我们是生物，不是天使，我们的心智是器官，不是通往真理的管道。我们的心智是通过自然选择进化出来的，用来解决我们祖先生死攸关的问题，而不是与正确同行。"[36]

当达尔文危险思想的万能酸灌注到我们的感知中时，它会溶解物理对象的客观性，这些客观性被认为即使在没人看时也存在。然后，这种酸又溶解了时空本身的客观性，而达尔文进化被认为正是在这种客观性的框架下发生的。这就要求我们设计一个更基础性的框架来理解实在，在这个框架中没有空间、时间和物理对象。我们需要理解这个新框架的动力学。当我们将这种动力学应用于智人的时空接口时，我们将再回到达尔文进化。达尔文的思想迫使我们将达尔文进化论本身看作一个不完美的暗示，将一个更深层次的、尚未知晓的动力学隐藏在我们认知的时空和对象的语言中。达尔文的思想的确危险。

5.错觉——唬人的电脑桌面

"这是你最后的机会。在这之后，就没有回头路了。你吃下蓝色药丸——故事结束，你在床上醒来，相信任何你想相信的东西。你吃下红色药丸，待在奇妙仙境里，我让你看看兔子洞有多深。"

——墨菲斯，《黑客帝国》

我有人寿保险。即使我没有，我也敢打赌客观实在是存在的。如果存在客观实在，如果我的感官是由自然选择塑造的，那么FBT定理认为，我的感官是真实的——它们保存了客观实在的某种结构——这种可能性小于我中彩票的可能性。虽然我的感知系统具有高度可塑性，可以根据需要迅速改变，但随着世界和我的感知变得越来越复杂，我的感官是真实的概率降为零。

这个定理违反直觉。如果我的感知不是真的，它们又怎么会有用呢？我们的直觉在这里需要一些帮助。

人类有一个古老传统，喜欢用最新的技术——时钟、交换机、计算机——作为人类心智的隐喻。遵循这个传统，我邀请你了解一个新的感知隐喻：每个感知系统都是一个用户界面，就像电脑桌面。这个界面是由自然选择塑造的；它可以因物种而异，甚至因物种中的不同个体而异。我称之为感知界面理论（ITP）。这个名字听起来有点夸大其词，毕竟只是隐喻，但我还是尝试通过下面的阐释来让它名副其实。[1]

让我们对前言中的例子继续深入研究。假设你正在写一封电子邮件，文件的图标是蓝色矩形，位于桌面中央。这是否意味着文件本身是蓝色的，矩形的，并在你的计算机中心？当然不是。图标的颜色不是文件的真实颜色。图标的形状和位置不是文件的真实形状和位置。事实上，文件没有颜色和形状；它在计算机中的位置与图标在桌面上的位置无关。

蓝色图标并不是故意曲解文件的真实性质。呈现真实性质不是它的目的。相反，它的作用是隐藏真实性质——避免晶体管、电压、磁场、逻辑门、二进制代码和软件编码的繁琐细节把你绕晕。如果你不得不了解这些复杂内容，用比特和字节构造你的电子邮件，你可能宁愿通过邮局寄信。你花大价钱买了一个界面来隐藏所有这些复杂性——所有的真相，因为这些会干扰手头的任务。复杂性咬人：界面阻挡了它的尖牙。

界面语言——像素和图标——无法描述它所隐藏的硬件和软件。这需要不同的语言：量子物理、信息论、编程语言。这个界面可以让你专注于制作电子邮件，编辑照片，发微博，复制文件。它把电脑的缰绳交给你，并隐藏事情实际是如何完成的。对实在的无知有助于对实在的掌控。这种说法如果脱离背景会让人觉得违反直觉。但对于界面来说，这是显而易见的。

ITP 认为，进化塑造了我们的感官，使之成为用户界面，以适应我们这个物种的需要。我们的界面隐藏了客观实在，并引导针对我们的生境的适应性行为。时空是智人界面的桌面，而勺子和星星这些物理对象则是图标。我们对空间、时间和物体的感知是由自然选择塑造的，不是为了真实地揭示或重构客观实在，而是为了让我们活得足够久以繁育后代。

感知不是为了获得真相，而是为了繁育后代。能塑造有助于我们繁育后代的感知的基因更有可能赢得适应性游戏，并把它们的方法传给下一代。FBT 定理告诉我们，获胜的基因不会是感知真实的编码。ITP 告诉我们，它们为隐藏客观实在真相的界面编写代码，为我们提供带有颜色、纹理、形状、动作和气味的物理对象图标，使我们能以我们生存和繁衍所需的方式操控被隐藏的实在。时空中的物理对象只不过是我们桌面上的图标。

要问我对月亮的感知是否真实——我能否看到即使没有人看时月亮的真实颜色、形状和位置——就像问画图程序中的画笔图标是否揭示了电脑中画笔的真实颜色、形状和位置。我们对月球和其他物体的感知并不是为了揭示客观实在，而是为了揭示对进化至关重要的一件事情——适应度收益。物理对象是对决定我们生存和繁衍收益的关键信息的理想展示。它们是我们不断创建和丢弃的数据结构。

关于时间和空间的语言，关于具有形状、位置、动量、旋转、极化、颜色、质地和气味的物理对象的语言，是描述适应度收益的正确语言。但从根本上来说，用这种语言来描述客观实在是错误的。我们不能用桌面和像素的语言正确描述计算机的内部运作；同样，我们也不能用时空和物理对象的语言描述客观实在。

"但是，"你可能会说，"ITP犯了一个愚蠢而明显的错误：如果响尾蛇只是你界面上的图标，那么你为什么不用手去抓呢？在你完蛋之后，ITP也随你而去，我们就能知道我们的感知确实告诉了我们真相。"

我不会用手去抓响尾蛇，出于同样的原因，我也不会在画图程序中不小心拖动画笔图标穿过我的作品。我不会把图标当真——我的电脑里没有画笔。但我还是很认真地对待它。如果我拖着它到处晃，可能会毁掉我的作品。这就是重点。进化塑造了我们的感官来维持我们的生命。我们最好认真对待它们。如果看到火，不要触碰；如果看到悬崖，不要掉下去；如果看到响尾蛇，不要抓；如果看到毒蘑菇，不要吃。

我必须认真对待我的感知。但我因此必须把它们当作真实的吗？不必。逻辑上没有这个要求，也没有认为这样是正确的。

但我们倾向于说"是"，从而成为"认真—真实谬误"的牺牲品。我们似是而非地把认真和真实混为一谈，诱使我们将物理对象实在化，在我们的想象中搜寻意识的前体。我明白其中的诱惑。我也有将中等尺寸物体实在化的冲动。但我不认为它是真实的。

以生化危害和核辐射警告标志为例。每一个都必须认真对待：忽略任何一个标志都可能是致命的。但是没有人将它们视为真实的：生化危害标志并没有描述客观实在中的生化危害，核辐射标志也没有准确描述核辐射。同样，潜艇声纳操作员必须认真对待在显示器中心闪烁的绿色光点。但鱼雷不是绿色光点。进化塑造了我们的认知符号，就像绿色光点或生化危害标志，警告和引导我们，但没有描述真实。

所以，如果我看到一条响尾蛇在我前面扭动，我必须认真对待它。但这并不意味着没有人在观察时有什么褐色的、光滑的、锐利的东西。蛇只是我们界面上的图标，用来引导适应性行为，比如逃跑。

这样的例子未能说服一些怀疑论者。例如，迈克尔·舍默在《环球科学》杂志专栏中写道："但是这个图标最初是怎么变得像蛇的呢？自然选择。为什么一些无毒蛇进化成了有毒蛇的模仿者？因为捕食者会避开真正的毒蛇。只有在有客观实在可以模仿的情况下，模仿才会奏效。"[2]

并非如此。只要有图标可以模仿，模仿就是可行的。以澳大利亚东部和南部的一种鸟粪蛛为例。它进化成了可以伪装鸟类捕食者的排泄物。自然选择塑造这种蜘蛛使得它在鸟类界面上的图标很像同一界面上的排泄物图标。事实上，ITP蕴含的一个推论是，捕食者和被捕食者之间的竞争可以触发界面和界面黑客之间的进化竞赛（比如伪装成鸟粪）。我们在网络钓鱼攻击中看到了类似的竞赛，模仿银行或著名公司的标志、字体和模板，企图欺骗毫无戒心的受害者，让其披露机密信息。模仿耐克标志的钓鱼攻击就是对图标的模仿，因为在客观实在中，耐克本身就是一个图标。旋风标是耐克的图标，对其进行模仿有助于成功钓鱼，就像在自然界中模仿图标可以蒙蔽捕食者或猎物的界面一样。

ITP还蕴含了另一个令人挠头的问题：勺子只有在被感知的时候才存在。夸克和恒星也是如此。

为什么？勺子是一个界面图标，而不是没有人观察时依然存在的真实。我的勺子是我的图标，描述可能的收益和如何获得收益。我睁开眼睛，构造了一个勺子；图标现在存在了，我可以用它来获得收益。我闭上眼睛。我的勺子，暂时停止存在，因为我停止了构造它。当我把目光移开时，东西仍然存在，但不管它是什么，它不是勺子，也不是时空中的任何物体。对于勺子、夸克和星星，ITP认同18世纪英国哲学家乔治·伯克利的观点，存在就是被感知。[3]

让我们重温一下第1章中的内克尔立方体（图6）。当你看中间的线条画时，有时你会看到A面在前的立方体，如左图所示。我们称之为立方体A。有时你会看到B面在前的立方体，如右图所示。我们称之为立方体B。现在考虑这个问题：当你不看的时候，中间是哪个立方体？立方体A还是立方体B？

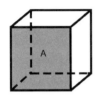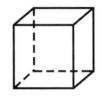

图6：内克尔立方体。当你不看的时候，哪个立方体在那里？A面在前的立方体，还是B面在前的立方体？©唐纳德·霍夫曼

选择其中一个是没有意义的。当你看的时候，有时你看到的是立方体A，有时是立方体B。答案显然是，当你不看的时候，就没有立方体——既不是A也不是B。每当你看的时候，你都会看到当时正在被构造的立方体。当你把目光移开，它就消失了。

ITP认为时空中的所有物体都是如此。如果你看到一个勺子，那么这里就有一个勺子。但是一旦你把目光移开，勺子就不复存在了。某种东西继续存在，但它不是勺子，也不在空间和时间里。勺子是一种数据结构，当你与某种东西互动的时候就会产生这种结构。这是你对适应度收益以及如何获得收益的描述。

这似乎有些荒谬。毕竟，如果我把勺子放在桌子上，那么房间里的每个人都会同意有勺子。当然，对这种共识最明显的解释就是——存在真正的勺子，人人都能看到。

但还有另一种方式来解释这种共识：我们都以相似的方式构建我们的图标。作为同一物种的成员，我们共享同样的界面（人与人之间的界面略有不同）。不管实在是怎样的，当我们与它互动时，

眼见非实

我们都会构建类似的图标，因为我们的需求类似，获得适应度收益的方法也类似。这就是我们在图6中看到立方体的原因——我们每个人都构造自己的立方体，但方式与其他人大致相同。我看到的立方体与你看到的立方体是不同的。我可能看到立方体A，同时你却看到立方体B。没有必要假设每个人都看到了真正的立方体，也没必要假设当没有人在看时存在立方体。

事实上，没有必要假定在没有人观察时任何物理对象或时空存在。空间和时间本身只是我们界面的格式，而物理对象是我们在思考各种选项来获得适应度收益时临时创建的图标。物体不是强加于感官的预先存在的实体。它们是从众多收益中获得比竞争对手更多收益的问题的解决方案。

这是一种新的认识事物的方式。我们在需要的时候迅速创建它们，以解决获得适应性的问题，一旦达到了目的就迅速抛弃它们。它们不是获取收益的最佳方案，只是让我们比竞争对手多获得一点收益的可行方案。

假设我看到一把勺子，它具有形状、颜色、质地、位置和方向。通过构建这把勺子，我解决了一个问题——我创建了一个关于收益和如何获得收益的描述。我把目光移开，勺子也不见了：我对这些收益的描述也不见了。我回头看。我又看到了勺子，毫不奇怪，因为我用同样的方法解决同样的问题。我忍不住要这样作。自然选择就是这样塑造的我。我需要快速的解决方案。我不能为了琢磨新技术而让竞争对手先发制人。我有自己解决问题的方式，在这个背景下，我每次都会构建一把勺子。这是我的习惯。

我倾向于把我的习惯实在化为一个客观世界。我问自己，为什么我总是看到那把勺子？我告诉自己，因为勺子一直都在那儿。我的逻辑部分是正确的。有些东西一直存在：我的习惯和客观实在。但我错误地认为客观实在是一把勺子。我犯了一个错误，把我的习惯实在化为一把预先存在的勺子。

内克尔立方体揭示了这个错误。我看到了立方体A，我看向别处，它消失了。我再看，又看到了立方体B。当我看向别处时立方体A并不在那里。在那里的是我对适应度收益的习惯性描述。通常只会给出一种描述。在这个例子中，给出了两种——它们很相似，但差异大到不可能是一个预先存在的对象。

用同样的方式，我将岩石、星星和界面上的其他图标实在化，认为它们是预先存在的物理对象。然后我将界面的格式实在化，把它想象成预先存在的时空。ITP的观点似乎与康德哲学相一致。[4]对康德的诠释众所周知充满争议，其中有一种诠释是他认为石头和星星并不是独立于心智。它们完全存在于我们的感知中。

一些哲学家认为康德的主张令人不安。例如，巴里·斯特劳德（Barry Stroud）表示："我们原本以为有一个独立的世界，结果按这种观点却并非完全独立。至少可以说我们很难理解这为什么为真。"[5]为了理解这种可能性，我们只需要通过自然选择来理解进化。根据FBT定理，如果选择塑造了感知，那么感知就会引导有用的行为，而不是呈现关于独立的世界的客观事实。是有独立于我们而存在的东西，但这些东西与我们的感知不符。这让人觉得费解，因为我们习惯将我们的界面实在化。

正如哲学家彼得·斯特劳森所说，康德还认为，"实在是超感官的，我们无法拥有它的知识。"[6]在这一点上，ITP与康德有所不同。ITP允许客观实在的科学。康德则不允许，至少在某些著作中是这样。对于科学家来说，这种差异是根本性的。ITP断言，认为客观实在是由时空中的物体组成的理论是错误的。但ITP允许通过科学理论和实验的标准互动产生真实的理论。第一步是认识到我们的感知是我们物种特有的界面，而不是实在的重构。

1934年，生物学家魏克斯库尔认识到每个物种的感知构成了一个独特的界面——他最初的德语表述是umwelt，周遭世界。[7]但魏克斯库尔反对每个周遭世界都是由自然选择塑造的观点，而是认为周遭世界的进化是按照一个总体规划来安排的。ITP不认同魏克斯库尔的这个观点。但同样认为，岩石、树木和其他物理对象是界面的图标，而不是客观实在的组成部分。

"但是，"你可能会说，"认为物体是图标会造成法律上的混乱。如果迈克开玛莎拉蒂，我会嫉妒。我没那么多钱，可能一辈子都买不起。怎么办？突然我有了解决办法。霍夫曼向我保证，玛莎拉蒂是我构建的一个图标。也就是说，它是我的图标！我的就是我的。我可以坐着我的图标去兜风。而且，我要留下它。也不用付现金！毕竟，我为什么要为我构建的图标付费呢？但是，唉，事实上这里只有一辆玛莎拉蒂，一个我和迈克都看到的真实物体，即使没有人看它也是存在的。迈克付了钱，我没有，所以我不能偷。对ITP来说太糟糕了。真希望这是真的。但ITP会让你进监狱。"

ITP确实声称，我看到的玛莎拉蒂只是我构建的图标，没有公共的玛莎拉蒂。但ITP并不否认客观实在的存在。它只是否认我们的感知描述了那个实在，不管它是什么。假设某位艺术家创作了一幅数字艺术品。我远程黑进了她的电脑，找到了她的数字宝贝。它以图标的形式出现在我的桌面上。我的桌面，和我的图标。因此，既然这个图标是我的图标，我认为我可以复制和销售它。显然，我的认识是错误的。如果我进了监狱，我只能怪自己。仅仅因为我的图标与你的不同，也没有描述实在，并不意味着我就可以对我的图标为所欲为。

但如果图标没有描述实在，它们是真实的吗？什么是真实？

有必要区分两种不同意义的真实：存在的和即使在未被感知的情况下仍然存在的。

如果你声称玛莎拉蒂是真实的，你可能说的是即使没有人看时它也存在。当弗朗西斯·克里克写到太阳和神经元在任何人感知到它们之前就已存在时，他是假设在这个意义上神经元是真实的。如果你认为是神经元导致或唤起我们的感知体验，你就需要这个假设。这一假设被ITP否定，并与FBT定理相矛盾。

然而，如果我声称我有真实的头痛，我只是说我的头痛存在，而不是说它在没有被感知的情况下也存在。我没有感觉到的头痛根本就不是头痛。当然我也不会介意这样的"头痛"。但如果你告诉我，我的偏头痛不是真实的，因为它在没有被感知时并不存在，那我将有充分的理由对你生气。我的体验对我来说肯定是真实的，即使它们在没有被感知时并不存在。

通常情况下，背景会提示是哪种意义的"真实"。但是为了消除歧义，如果所讨论的实在是指未被感知时的存在，最好还是用"客观"修饰。ITP断言神经元并不是客观实在的组成部分。它们其实是真实的主观体验——例如，神经科学家用显微镜观察脑组织的体验。

"但是，"你可能会说，"如果我看到的玛莎拉蒂不是客观的，为什么我闭上眼睛的时候能触摸到它呢？这无疑证明了玛莎拉蒂是客观的。"

这证明不了什么。它表明，但不能证明，存在某种客观的东西。但是那些东西可能与你的感知大相径庭。当你睁开眼睛，你与那个未知的东西互动，创建一个玛莎拉蒂的视觉图标。当你闭上眼睛，伸出手，你创建了一个触觉图标。

其他所有感官也是如此。如果你闭上眼睛，你还可能听到引擎的轰鸣声，或者闻到尾气的恶臭。但是这些都是你的图标，并不意味着你所感知的玛莎拉蒂是客观实在的一部分。

"但如果我看到的玛莎拉蒂不是客观的，那么为什么我的朋友在我闭着眼睛的时候能看到它呢？"

客观实在是存在的。你和你的朋友与它互动，不管它是什么，结果是你们每个人都创建了自己的玛莎拉蒂图标。当你闭上眼睛时，你的朋友完全可以创建一个玛莎拉蒂图标，就像当你闭上眼睛时，她完全可以创建一个立方体A（或立方体B）。

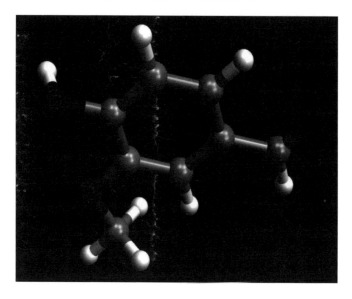

图7：一种特殊味道的分子。©唐纳德·霍夫曼

一辆红色玛莎拉蒂看起来如此闪亮，有艺术气息，符合空气动力学，如此真实。但FBT定理告诉我们，这只是一种感官体验，一个图标，并不客观，没有描绘任何客观的东西。我们的直觉会反抗：我们的自然冲动是将玛莎拉蒂和其他中等大小的物体实在化。

我们很难克制这种冲动。幸运的是，我们发现放弃味道要容易得多。我们碰巧不太倾向于将它们实在化。让我们来看看为什么，也许这会帮助我们克制将中等大小物体实在化的冲动。

以图7中描绘的分子为例，为了便于论证，假设分子是客观实在的组成部分。白球表示氢原子，浅灰色球表示碳，黑球表示氧。当你感知这个分子时，你会构建怎样的感官图标？什么样的味觉体验能准确描述它？

这些问题都不容易回答。有一些线索。这是一种酚醛，分子式为$C_8H_8O_3$的有机化合物，带有官能团醛、羟基和醚。

那么，什么味道能真实地描述这种分子呢？什么味道最能准确地描述其真实的实在？

这个分子是香草醛。我们将其感受为香草的美味。谁能猜得到呢？就我所知，香草的味道无法描述这种分子。事实上，味道无法描述任何分子。味道仅仅是惯例。虽然味道能告诉我们选择吃什么，但选择可能意味着生死。

如果我们在选择吃什么之前必须检查每个原子，那么我们在吃之前就会饿死。香草的味道，就像其他味道一样，是一条捷径——一个指导我们选择佳肴的图标。要问香草的味道是否描述了$C_8H_8O_3$，就像问字母CAT是否描述了毛茸茸的宠物，或者我看到的玛莎拉蒂是否描述了客观实在。

在柏拉图著名的洞穴寓言中，洞穴里的囚徒看到的是由物体投射出的闪烁阴影，而不是物体本身。[8] 这是通往ITP的一步，但是走得还不够远。阴影隐约与投射它的物体相似——人和老鼠的阴影在大小和形状上有明显区别。ITP论证的图标不需要与任何客观实在的东西相似。

味道捷径带来了很大的风险——食物中毒。进化给出的解决办法是，通过试验学习，学会避开在几个小时内导致呕吐的味道。你最喜欢的食物，在某个倒霉的日子，可能在多年里触发恶心感；你从它的味道预测的收益急剧下降。

香草素和玛莎拉蒂的例子，当然，只是例子。它们证明不了关于感知和实在的什么东西。这是FBT定理的任务。但是它们可以帮助我们从我们看到客观实在的错误直觉中解脱出来，也可以帮助我们从没有人看到月亮时月亮就在那里的错误信念中解脱出来。

我举的一些例子似乎适得其反。比如混淆了啤酒瓶和雌性甲虫的雄性甲虫。我用它们举例，是为了说明进化赋予了我们一些简单技巧，这些技巧让我们变得适应，却隐藏了真实。

"但是，"你可能会反驳说，"它们证明的是相反的结论。按照霍夫曼的说法，甲虫为什么会混淆呢？他说，因为它看不到真相。他是怎么知道的？因为他认为他知道真相——甲虫实际上是在推挤瓶子，而不是雌虫。因此，在他反驳看到实在的论证中，隐藏着这样的假设，即他能看到实在，他能分辨出真正的甲虫和伪装的瓶子。

不然他凭什么取笑这只愚蠢的甲虫呢？"

这种反击似乎很有说服力，但仍然是错的。假设我旁观一个新手玩《侠盗猎车手》。他驾驶一辆红色法拉利在蜿蜒的山区公路上疾驰，对黑色直升机的逼近视而不见。我大声警告，但为时已晚——他的车被直升机旋翼撕成了碎片。我看到了新手的愚蠢，但并没有看到"真实"——炫目的游戏背后的晶体管和电压。我看到的也是图标，但我更好地理解了它们的含义。（"真实"的引号意思是"关于这个例子的真实"。晶体管和软件也不是客观真实。）

甲虫的愚蠢也是如此。我看到的是甲虫和瓶子的图标，而不是客观真实。但是我的图标揭示了一个关于适应性的事实，那就是甲虫的图标——曲线性感的酒瓶——生不出小甲虫。因为我的图标告诉我的是适应性，而不是真实，我对不适应的甲虫自以为是的批评可能是恰当的，并没有假设上帝视角。

如果图标从来都不真实，那么感知是否一直是错觉呢？教科书对错觉的描述是这样的："对环境的真实感知需要依赖基于某种假设的启发式过程，这些假设通常是真实的，但并非总是如此。当它们是真实的时候，一切顺利，我们或多或少会看到实际存在的东西。然而，当这些假设是错误的时候，我们的感知就会与实在有系统性差异，这就是错觉。"[9]

如果我们的感知通常是真实的，那么我们确实可以将错觉定义为对真实的罕见偏离，如内克尔立方体。但是ITP说所有感知都不是真实的，因此不能用这种方式来定义错觉。然而，ITP并没有排除错觉的概念：内克尔立方体和方糖块都是图标，但这两个图标存在必须被感知到的关键差异。ITP需要对错觉有一个新的解释。它也的确有一个基于进化的解释：错觉是一种无法引导适应性行为的感知。

就是这么简单。进化塑造我们的感知来引导适应性行为，而不是看到真实。因此，错觉是引导适应性行为的失败，而不是看不到真相的失败。

让我们探讨这个理论。为什么ITP说一只向瓶子求爱的甲虫产生了错觉？不是因为可怜的甲虫看不到真实。而是因为它的感知导致了不具适应性的行为：与酒瓶交配生不出甲虫。如果不是善良的澳大利亚人重新设计了他们的酒瓶，甲虫可能已经灭绝了。

为什么，按照ITP的说法，内克尔立方体是错觉？因为我们无法用手抓住我们看到的形状。相比之下，我们可以抓住一块方糖。一个图标能引导适应性行为，另一个不能。事实上，我们并没有被内克尔立方体欺骗。我们之所以知道它是扁平的，是因为它对图像深度的暗示与其他否定深度的视觉暗示相矛盾，比如立体视觉。这是意料之中的。我们的感官描述了适应度收益以及如何获得它们。描述的正确与否可能意味着生存或死亡。因此，进化为我们配备了多重感知。如果它们相矛盾，其中一些估计就不那么可信，甚至会被忽视。冗余是一种保险。

ITP对错觉的解释解决了标准描述的一个困惑。考虑食粪动物（如猪、啮齿动物和兔子）的味觉体验。我们只能认为，当它们享用粪便时，它们的体验与我们有明显差异。体验之间肯定存在差异，这是ITP的一个明确预测——口味反映的是适应度收益，而不是客观真实，美味预示着更好的收益。粪便的收益，以及它们的味道，在我们和食粪动物之间很不一样。

但是这对标准描述来说是一个令人困惑的问题，它声称错觉是非真实的感知：谁的感知是非真实的——我们的，还是食粪动物的感知？我们认为粪便的味道让人恶心是真实的吗？如果是这样，猪、兔子和苍蝇是否都有味错觉呢？还是粪便真的很美味？如果是这样，是不是我们的恶心体验是一种味错觉？

面对这个困境，哲学家和心理学家有时会这样回答，如果是一个标准的观察者在标准观察条件下体验的感知，那么这种感知就是真实的。例如，红绿色盲的人在标准光线下看草时，会看到正常色觉的人看不到的一种颜色。所以他的色盲感知不是真实的。以统一原则规定标准的观察者和观察条件是很棘手的，理论家们试图把自己扭曲成椒盐卷饼。即便如此，这种策略也无法解决这个问题。将人类作为标准显然过于狭隘。而将猪和兔子作为标准就得承认粪便实际上很美味。两种选择都让人无法接受。粪便反驳了我们的感知通常是真实的，而错觉是非真实的感知这种理论。

神秘果是一种红色浆果，含有糖蛋白分子神秘果素。如果你吃这种浆果，柠檬等酸味食物尝起来会是甜的。柠檬中的柠檬酸和苹果酸分子通常会引发酸味。但是当存在神秘果素的时候，它们会引发甜味感觉。

哪种味觉是错觉？真实感知理论认为这种味觉不是真实的，不是客观真实。那么，柠檬酸分子的真实味道是什么呢？如果我们说它是酸的，这种说法的根据是什么？什么原理决定了某个特定分子的真实味道？真实理论家有责任提供科学证明。现在还没有人能自圆其说。就目前而言，任何关于真实性的主张都完全不可信。

ITP认为，如果一种味觉会导致不具适应性的行为，那么这种味觉就是错觉。例如，如果你一整天都在猎杀瞪羚，或者你的血糖很低，你通常会喜欢甜食，例如蜂蜜或橙子，你不太会喜欢酸的食物，如柠檬。柠檬提供的单克热量只有甜橙的一半，蜂蜜的十分之一。在正常情况下，甜味会引导适应性饮食，恢复你的血糖。但是假设你在打猎时吃了神秘果，那么柠檬尝起来就是甜的。现在柠檬的甜味会引导你选择较差的卡路里来源。它的适应性较差，因此是错觉。

ITP似乎还有一个更根本的问题。它依赖FBT定理，该定理运用数学和逻辑证明我们几乎没有机会进化到能看到客观实在。但是我们对数学和逻辑的感知又如何呢？这个定理是不是首先假设了数学和逻辑是正确的，然后又证明我们对数学和逻辑的认知几乎不可能是正确的？如果是这样，这难道不是证明了没有可靠的证明——对整个方法的归谬？

幸运的是，FBT定理并没有证明这一点。它只适用于我们对世界状态的感知。其他认知能力，比如我们的数学和逻辑能力，必须另行研究，看自然选择是如何塑造它们的。认为自然选择使我们所有的认知能力变得不可靠，这种说法过于简单，也是错误的。这种不合逻辑的论证有时被用来支持那些被认为与达尔文进化论不相容的宗教观点。[10]但这种思维太发散了。

数学能力较差的人可能面临选择压力。进化王国的流通货币是适应性，擅长对货币进行计算可以带来适应性。吃两口苹果的适应度收益大约是吃一口苹果的两倍。数学可以帮助对收益进行推理，所以自然选择并不反对发展这种天赋。当然，这并不是说数学是客观实在，也不是说对数学天赋有选择压力。这种天赋可能是遗传上的侥幸。也可能是性选择——一种性别的欲望和选择决定了另一种性别的进化——将基本数学技能的火花点燃成数学天赋的火焰，这是一个有意思的研究课题。

对于普通人来说，必须有一定的逻辑能力，因此可能存在选择压力。例如，社会交换蕴含一种简单的逻辑形式，"如果我为你作了这件事，则你也必须为我作这件事。"有些人能够发现社会交换中的欺骗行为，有些人则不能发现欺骗行为，这样的人更容易受骗，因此也更不具适应性。因此，社会交换对基本的"如果－则"逻辑能力存在选择压力。勒达·科斯米德斯和约翰·图比发现，在社会交换之外的领域，大部分人的这种逻辑能力没有那么稳健，这种能力可能最初是在社会交换中进化出来的。[11]类似的，心理学家雨果·梅尔西埃和丹·斯珀伯发现，当我们与他人争论时，我们的逻辑推理能力最好。[12]但是一旦具备了这种基本能力，选择和变异就会让它走得更远，甚至涌现出像哥德尔这样的天才。

因此，尽管ITP声称，并且经FBT定理证明，我们对时空中物体的感知并不能反映实在，但ITP和FBT定理都没有否定数学和逻辑方面的技能。它们有没有论及更高层次的概念技能？它们是否蕴含了我们的概念很可能是错误的概念，无法理解实在的本来面目？再一次，它们没有。人类是否拥有理解客观实在所需的概念，这个问题仍然悬而未决。在第10章，我们将探讨一种实在论，它的优点是允许但不要求我们拥有必要的概念。

"但是，"有人可能会问，"如果我看不到实在的本来面目，那么为什么我的相机能看到我所看到的呢？我驱车前往优胜美地山谷，来到隧道观景点，周围有几十名拿着相机的游客。我拍摄了一张经典照片——酋长岩、婚纱瀑布、半圆顶——这幅壮丽的景观在一百多万年前由含温冰川蚀刻而成，然后由太浩湖、特纳亚湖和泰奥加湖的冰川运动蚀刻得更加完美。我的照片和我亲眼看到的一模一样。它也与数百万人所看到和拍摄到的相一致。当然，这种一致可能意味着一件事情——我们都看到了一个古老的实在，我们看到了它的真实面目。相机不会说谎。"

这种观点在心理上很有说服力，但在逻辑上站不住脚。生命科学的学生可以在虚拟现实软件中进行实验，这种软件提供各种虚拟工具，比如显微镜、测序仪和照相机。学生可以抓住虚拟实验室中的一个图标——相机，然后拍下照片，相信相机能看到他们看到的东西。但是学生和相机除了图标什么也看不到。他们相一致，但都没有看到客观实在。

这里还隐藏着另一个问题，迈克尔·舍默在《环球科学》杂志上提出了这个问题。"最后，为什么要认为这个问题是适应与真实之间非此即彼的选择呢？适应在很大程度上取决于一个相对精确的实在模型。科学朝着根除疾病和登陆火星的方向发展，这一事实必然意味着我们对实在的感知越来越接近真实，即使只是很小的进步。"[13]

正如我们已经讨论过的，适应和真实二选一并不是ITP的别出心裁，而是进化论的一个本质特征——适应度收益与客观实在是截然不同的，并且在相同的实在背景下，会因生物和时间的不同而大相径庭。一般来说，追随适应并不等同于追随真实。[14]

但正如舍默所说，科学取得了进步。它学会了治愈疾病，探索太空，登陆火星。对于19世纪的人来说，手机和无人驾驶汽车就像魔术一样神奇。技术越来越善于控制我们的世界。这难道不意味着"我们对实在的感知越来越接近真实"吗？

并非如此。《我的世界》的玩家越来越善于应对游戏中的世界。但他们这样作是通过掌握界面，而不是通过越来越接近真实。对于新手来说，《我的世界》的游戏老手就像是魔术师，但是那个游戏老手可能对隐藏在图标背后的复杂机制一无所知。

用时空中物体的语言表达的科学理论，仍然是受界面约束的理论。它们不能正确描述实在，就像用像素和图标语言表达的理论不能正确描述计算机一样。正如我们将看到的，一些物理学家认识到了这一点，并得出结论："时空注定要和它的物体一起消亡。"

我们在医疗、航天和照相机方面的能力令人印象深刻。但能力只是能力，不是真实。我们有了更好的界面。但是只要我们的理论还停留于时空，我们就无法掌握隐藏在界面后面的东西。

"但是等等，"你可能会说，"这里没有什么新东西。卢瑟福在1911年发现原子大部分是空的空间，只有一个微小的原子核在其中心，从那时开始，物理学家就告诉我们，实在与我们看到的完全不同。这把锤子可能看起来很坚固，但是如果你仔细观察，你会发现它基本上是空的，电子和其他粒子以难以置信的速度呼啸而过。"

的确如此。但是，物理学家的这一主张并不像ITP的主张那样激进。他们的说法更像是在说，"我知道桌面上的图标不真实。但如果我拿出值得信赖的放大镜，仔细查看桌面，会看到很小的像素。这些小像素，而不是大图标，才是实在的真正本质。"

其实也不尽然。这些像素仍然在桌面上，仍然在界面中。如果没有放大镜，可能看不到它们，但它们仍然是界面的一部分。同样，没有特殊的设备，原子和亚原子粒子也是看不见的，但它们仍然存在于空间和时间中，所以它们仍然存在于界面中。

物理学揭示的是，我们常常无法注意到太快或太慢，太大或太小，或者我们能看到的电磁波段之外的东西。ITP说的是更深层次的东西。它说，即使我们能够在技术的帮助下，观察所有这些新事物，我们仍然无法看到实在的本来面目。我们只是在探索更多的界面，更多受限于空间和时间范畴的事情。

ITP的这些主张确实激进，在形成这些主张的过程中，ITP超越了它发源的进化论和神经科学，侵入了物理学的领地。也许这有些过头了。也许ITP违反直觉的主张很容易被现代物理学的理论和实验驳斥。

让我们来看看。

6.引力——时空注定消亡

"爱因斯坦从未停止思考量子理论的意义……我们经常讨论他对客观实在的看法。我记得在一次散步中,爱因斯坦突然停下来,转向我,问我是否真的相信月亮只有在我看着它时才存在。"

——亚伯拉罕·派斯,《爱因斯坦和量子理论》

"这意味着要系好安全带,多萝西,因为堪萨斯要走了。"

——塞弗,《黑客帝国》

FBT定理告诉我们,如果我们的感官是由自然选择塑造的,我们就看不到实在的本来面目。ITP告诉我们,我们的感知构成了一个界面,我们这个物种特有的界面。它隐藏了实在,帮助我们繁育后代。时空是这个界面的桌面,物理对象是桌面上的图标。

ITP给出了大胆而且可检验的预测。它预测,勺子和星星——空间和时间中的所有物体——在无人感知或无人观察的情况下并不存在。当我看到一把勺子时,有某个东西——不管它是什么——触发了我的感知系统构建一把勺子,赋予了它位置、形状、运动和其他物理属性。但是当我把目光移开,我就不再构建那把勺子,它和它的物理属性也就不复存在。

例如，ITP预测，一个光子，当没有被观察时，没有确定的偏振。它预测，当一个电子没有被观察时，没有确定的自旋、位置或动量。与这些预测相矛盾的实验将证否ITP。

我看到的对象是我的图标。你看到的对象是你的图标。当我们交换意见时，我们发现我们的图标经常能达成一致——我看到一只猫，你也看到了；我看到一团火，你也看到了。我们经常能达成一致，是因为我们与相同的实在互动，不管它是什么，我们用类似的图标布设相似的界面。但ITP预测，我们可以不一致。我可能看见火，在煮我的晚餐，而你却什么也没看见，你的晚餐仍然冰冷；我可能看见一只活着的猫，而你看到它死了。

ITP预测不存在不被感知的时空。我的时空就是我的界面的桌面。你的时空就是你的桌面。时空因观察者而异，时空的某些属性在观察者之间并不总是一致的。实在，不管它是什么，都不受时空束缚。

正如我所说，这些都是大胆的预测。但它们真的可以被检验吗？它们能被现代物理学证否吗？如果我知道我的预测永远无法检验，我可能会大胆预测月球在没人看的时候会变成瑞士奶酪。说电子在没有被观察时没有自旋可能听起来很大胆，但这种说法该怎么证实呢？我们能不能做一个实验，一个细致的观察，告诉我们当没有人观察时会发生什么？如果你认为这不可能，你并不孤独，第4章曾提到过，杰出的物理学家泡利也是这样认为的。爱因斯坦担心量子理论是否意味着"只有在我看着月亮时，它才存在"。泡利回答说："完全不可知的事物是否同样存在的问题，就和针尖上能坐多少天使这个古老问题一样，人们不应该为这样的问题耗费脑力。在我看来，爱因斯坦的问题其实就是这种类型。"[1]

爱因斯坦相信时空和物体是存在的，不管是否被观察，它们都有确定的性质。更确切地说，他相信定域实在论。实在论认为物理对象即使在没有被观察的情况下也具有确定的物理属性，例如位置、动量、自旋、电荷和极化。定域性是指物理对象之间的相互影响不能超过光速。局域实在论认为实在论和定域性都是真实的。爱因斯坦在写给物理学家马克斯·玻恩的一封信中说，物理学应该坚持"物理实在的独立存在呈现在空间不同部分的主张"。[2]爱因斯坦认为违反了这一主张的量子理论一定是不完整的实在理论。他在写给玻恩的信中指出，"我仍然找不到任何事实可以证明这一主张可能会被放弃。"[3]

在爱因斯坦写下这些的1948年的确是这样。但是在1964年，物理学家约翰·贝尔发现了一个让爱因斯坦震惊的事实：量子理论对一些实验的预测与定域实在论相矛盾。[4]无论量子力学是否如爱因斯坦所说是不完整的，它都与定域实在论不相容。贝尔的实验已经有了许多变体，而量子理论的预测每一次都得到了证实。我们现在有充分的证据证明定域实在论在经验上是错误的，即使量子理论是错误或不完整的。这意味着要么实在论是错的，要么定域论是错的，或者两者都错。对于爱因斯坦和我们的日常直觉来说，这里没有快乐的选项。

受贝尔的启发，在荷兰代尔夫特理工大学进行了一项定域实在论的实验检验，测量纠缠电子的自旋。[5]电子的自旋很奇怪。飞盘、陀螺和滑冰运动员可以旋转得很慢，也可以很快，或者是之间的某个速度。电子不是这样。如果你沿着任何一条轴测量它的旋转，你会发现只有两种可能的答案——向上或向下。这就好像电子可以顺时针或逆时针旋转，但只能以一种速度旋转。

纠缠也很奇怪。并排放置两个旋转陀螺，你可以分别描述每个陀螺及其旋转。但对于两个处于纠缠态的电子，你不能这样作。它们必须被描述为一个不可分的物体，不管它们之间的距离有多远。例如，物理学家可以让两个电子的自旋纠缠，这样，如果一个电子沿着某条轴的自旋是向上，那么另一个电子沿着该轴的自旋就总是向下。无论你选择测量哪个轴，这都成立。不管电子之间的距离有多远，也仍然成立。它们可能相距10亿光年。因此，如果你测量你附近电子的自旋，那么你马上就会知道，如果你测量10亿光年以外另一个电子的自旋，你会发现什么。如果实在论是正确的，并且如果你在这里测量的电子自旋会立即影响到10亿光年以外的电子自旋，那么这种影响就违反了定域性主张——任何影响的传播都不能超过光速。

在代尔夫特的实验中，两个相距1280米的电子自旋缠绕在一起。[6]这个距离光需要走百万分之四秒。两个电子的自旋沿随机选择的轴测量。关键是，这两个自旋是同时测量的。这确保了一个测量不会通过任何局部过程——传播速度不超过光速的过程——影响到另一个。代尔夫特的实验和其他实验一样，证实了量子理论的预测，证否了定域实在论。两个电子的自旋测量是相关的，而贝尔证明，如果局域实在论是正确的，那么这种相关是不可能的。要么实在论是错的，电子在被测量之前没有确定的自旋值；要么定域性是错的，电子以比光速更快的速度相互影响；或者实在论和定域性都是错的。

物理学家想知道哪个假设是错误的，实在论还是定域性。安东·塞林格与合作者用纠缠光子进行的实验已经排除了一大类声称实在论为真而定域性为假的理论。[7]他们总结说，"我们认为我们的结果有力地支持了这样一种观点，即未来任何与实验相一致的量子理论扩展都必须放弃实在论描述的某些特征。"[8]尽管这个判断还没有定论，但塞林格的实验肯定让捍卫实在论变得更困难了。

ITP预测实在论是错误的，物理学并没有反驳这个预测。而且，与我们的直觉相反，对定域实在论的检验每次都证实了ITP的预测。像塞林格这样的实验正在收紧实在论脖子上的绞索。

另一个来自量子理论的定理也是如此，它没有对定域性进行假设。它在1966年和1967年被贝尔以及西蒙·科辰和恩斯特·斯派克分别证明，被称为科辰-斯派克(KS)定理。它说，任何属性，如位置或自旋，都没有独立于测量的确定值。[9]相反的主张——属性可以有独立于测量的确定值——被称为"无关上下文实在论"。KS定理认为无关上下文实在论是错误的。

但是，当我们说没有人在看时月亮仍在那里，就是在支持无关上下文实在论。当弗朗西斯·克里克写到太阳和神经元在没有人在看时仍然存在的时候，这也是他脑海中的实在论。正是这种实在论是错误的——与定域性无关。

KS定理粉碎了爱因斯坦关于实在的另一个信念。1935年，爱因斯坦与鲍里斯·波多尔斯基和纳森·罗森合著的一篇著名论文提出："如果在没有以任何方式干扰一个系统的情况下，我们能确定地（例如以概率值1）预测一个物理量的值，那么就存在一个与该物理量相对应的实在要素。"[10]

这种说法似乎是可信的。假设在你测量之前，你有绝对把握告诉我，某个电子沿某条轴的自旋肯定会被观察到是向上——你向我保证，它不可能是向下。假设成千上万次观察结果你都预测正确，那我就可以得出结论，你的自信是有底气的，你的预测总是正确的，因为电子的确是那样自旋的。

但我错了。物理学家阿达恩·卡贝洛、尤塞·埃斯特巴伦茨和吉列尔莫·加西亚-阿尔凯内构造了一个KS定理的巧妙例子。在这个例子中，量子理论明确预测了一个物理量的测量值，"概率为1"。但他们证明了这个值不能独立于测量存在。[11]这意味着我可以确定我将测得什么值，但这个值并不是客观实在的要素。对你将看到的有把握并不意味着它存在。爱因斯坦、波多尔斯基和罗森的说法完全是错误的。

我们大多数人深信物理实在，包括时空中的物体，在生命和观察者存在之前就已经存在；我们相信，将位置、旋转或任何其他物理属性赋予任何物体都不需依赖观察者。但是随着量子理论的含义被更好地理解并通过实验验证，留给这种信念的生存空间越来越小。例如，费米实验室的一项实验表明，中微子——几乎没有质量的亚原子粒子——在被观测到之前不具有轻子味的物理属性值。[12]

一些物理学家得出结论，量子理论提供了一种全新的世界观。正如物理学家卡罗·罗威利所说，"我在这里的努力不是修正量子力学，以使其与我的世界观保持一致，而是修正我的世界观，使其与量子力学一致。"[13]罗威利更新世界观的方式是拒绝"绝对的、独立于观察者的系统状态的概念；以及，独立于观察者的物理量的值的概念"。[14]罗威利抛弃了无关上下文实在论。

他解释道："如果不同的观察者对同一事件序列给出不同的描述，那么每一个量子力学描述都必须被理解为相对于特定的观察者。因此，对某个系统的量子力学描述……不能被看作是对实在的'绝对'（独立于观察者的）描述，而是一个系统的属性相对于给定观察者的形式化或数值化……在量子力学中，'状态'和'变量的值'——或'测量的结果'—— 都是相关的概念。"[15]

物理学家克里斯·菲尔兹从不同的角度否定了无关上下文实在论。他证明，如果没有观察者同时看到所有实在，如果观察需要能量，那么无关上下文实在论肯定是错误的。[16]物理学家克里斯·富克斯、戴维·默明和吕狄格·沙克声称，量子理论蕴含着"实在因人而异。这并不像听起来那么奇怪。对于一个观察者来说，什么是真实的，完全取决于这个观察者的经验，不同观察者有不同的经验。"[17]他们解释说："测量，就像这个术语本身暗示的，并不能揭示一个预先存在的事件状态。它是观察者对世界的行动，导致了一个结果的产生——这个观察者的新经验。'干预'可能更合适。"[18]

富克斯对量子理论的解释被称为量子贝叶斯理论，该理论认为量子态描述的不是客观世界，而是观察者对其行为后果的信念。不同观察者可能有不同的信念。没有哪个量子态是普遍正确的。每个都是个人的。正如富克斯所说，我的量子态描述"'我的行为对物理系统的影响（对我来说）！'就像披头士唱的那样，这完全是'我我我我的'"。[19]

这与感知的界面理论是一致的。我对时空和物体的感知是一个界面，由自然选择塑造，不是为了揭示实在，而是为了引导我的行为，增强我的适应度。我的适应度。对我有利的东西对别人不一定有利。一块能促进我健康的巧克力可以杀死我的猫。自然选择以个体的方式塑造了感知，告诉我的是我对这个世界的行为对我的影响。即使我没有在看，世界也存在：唯我论是错误的。但是我的感知，就像量子理论中的观察一样，并没有揭示那个世界。它们指导我如何行动以适应，虽然不完美，但是够用。

在这样的解释下，量子理论和进化生物学、和谐地交织到了一起。量子理论解释说，测量并不揭示客观真理，只是观察者行为的结果。进化告诉了我们原因——自然选择塑造的感官揭示了观察者行为的适应性后果。我们感到惊讶的是，测量和感知是如此个人化。我们本来期望它们反映客观和非个人的事实，尽管反映的事实可能是错误的，也是不全面的。但是，当科学的两大支柱互相映证，并违背我们的直觉，是时候重新考虑我们的直觉了。

物理学和进化论的这种融合并不是那么显而易见。1987年，威廉·巴特利在一次会议上介绍了物理学家约翰·惠勒对量子理论的看法。著名的科学哲学家卡尔·波普尔爵士"转向他，平静地说：'你所说的与生物学相矛盾。'那是一个戏剧性的时刻……然后生物学家们……爆发出热烈的掌声。就好像终于有人说出了自己的想法。"[20]

巴特利告诉了我们生物学家们在想什么："感官知觉或感觉本身是通过外部实在与感官的互动形成的对外部实在或多或少准确的象征性表征。人们或多或少能准确地感知外部实在。"[21]这种信念并不少见。进化生物学，正如我们已经讨论过的，假定存在客观实在的对象，如DNA和生物体。广义达尔文主义的万能酸（以FBT定理的形式）对这种多余假设的溶解，以及对与其说是"对外部实在或多或少准确的象征性表征"，不如说是隐藏外部实在和编码适应度收益的表征的揭示，都并不是那么显而易见。

惠勒说了什么让生物学家们感到困扰？惠勒认为，"我们所谓的'实在'，是用精心制作的纸板构造的想象和理论，填充在几根观察的铁柱子之间。"[22]惠勒认为，我们不是被动地观察预先存在的客观实在，而是通过观察行为积极参与构建实在。"量子力学的证据表明，并不存在纯粹的'对实在的观察者（或记录器）'。观测设备或记录装置，'参与对实在的界定'。从这个意义上说，宇宙并不是'在那里'"。[23]

惠勒设计了著名的延迟选择实验来说明这一点，这个双缝实验的一个变体由物理学家克林顿·戴维森和莱斯特·格莫尔在1927年首次实现。[24]在这个双缝实验中，用光子枪向感光平板每次发射一个光子，并记录光子的落点。在枪和平板之间放一个金属屏障，屏障上有两条光子可以通过的狭缝，分别记为A和B。

如果只有一条狭缝打开，光子会如预期的那样落在感光板的一部分，也就在那条狭缝后面。但如果两条狭缝都打开，出乎人们预期的是，光子的落点形成了一系列条纹，这些条纹很像两组水波叠加时产生的干涉图样——从而产生神奇的效果，当两条狭缝都打开时，板上一些在只打开单缝时能接收到大量光子的位置接收到的光子减少了，甚至一个光子也没有。在这种情形下，似乎每个光子以某种方式同时穿过了A和B。这对于波来说不是问题。但光子是粒子，如果我们用电子作相同的实验，也会得到同样的干涉图样。

那么粒子是如何作到这一点的呢？它会自己一分为二吗？如果我们尝试近距离观察缝隙，我们总是看到一个光子穿过一条缝隙，而不是两条缝隙。此外，如果我们观察它穿过哪条狭缝，干涉图样就消失了。

没有人真正知道当两条狭缝都打开时，光子或电子会作什么。这是量子理论的一个未解之谜。说它通过A，通过B，通过两者，或者两者都不通过似乎都不正确。物理学家只能说它的路径是A和B的叠加态。这样说的意思就是我们不知道发生了什么，虽然我们可以写下简单的公式，其中包含被称为叠加的线性组合，可以精确模拟实验结果。不是只有微小的粒子，比如光子和电子，才能实现双缝魔术。2013年，桑德拉·艾本伯格和她的合作者们发现一种大分子也可以实现相同的魔术，这种分子被亲切地称为$C_{284}H_{190}F_{320}N_4S_{12}$，由810个原子组成，重量超过10000个质子或1800万个电子。它比病毒小一点点。[25] 量子的怪诞并不仅限于亚原子领域。

惠勒在这个实验中设计了很巧妙的延迟选择：等光子通过金属屏障之后再决定测量什么——路径A、路径B，或是叠加态。用他的话说，"让我们等待，直到量子已经穿过屏幕，然后我们——通过自由选择——再判断它是'穿过了两条缝'还是'只穿过一条缝。'"[26] 惠勒的实验用的是光子(和氦原子)。[27] 光子通过屏障之后我们所选择的测量决定了在我们测量之前光子作了什么，或者至少是对它作了什么我们可以说些什么。"在延迟选择实验中，我们在此时此地作出的决定，对我们想要对过去说些什么产生了无法收回的影响——正常时序的奇怪倒置。"[28] 过去取决于我们现在的选择。难怪波普尔和生物学家们感到困惑。

后来惠勒还将他的实验扩展到了宇宙尺度。[29] 之前是光子枪，这里考虑的是遥远的类星体——一个超级黑洞，从周围星系吸收物质进入吸积盘，并在此过程中发射出天文数量的辐射，可能是我们银河系总输出量的100倍。假设这个类星体位于一个巨大星系的后面。根据爱因斯坦的引力理论，这样的星系会弯曲时空。他的理论还预测，如果条件合适，我们可以看到类星体的两个像，因为它的光从两条不同的路径穿过了弯曲的时空——由巨大的引力透镜效应导致的宇宙视错觉。图8中哈勃太空望远镜拍摄的双类星体 QSO0957+561 的照片就是这种例子，这个星体距地球大约140亿光年。

有了这个条件，就可以在宇宙尺度上进行延迟选择实验。通过使用望远镜捕捉来自双类星体的光子，我们可以选择测量光子穿过引力透镜的哪条路径——哈勃影像中的上下路径——我们也可以选择测量叠加态。如果我们选择测量它的路径并发现，比如说，它走的上面的路径，那么近140亿年来光子一直在那条路径上，而这是因为我们今天所作的选择。如果我们选择测量叠加态，那么光子在过去的140亿里将会有不同的历史。我们今天的选择决定了上百亿年的历史。我们大多数人举不起100千克的重量。但我们可以追溯到数十亿年前，数万亿千米远，改写过去——这是一项壮举。

图8：哈勃太空望远镜拍摄的双类星体 QSO0957+561 的照片。来源：ESA/NASA

筹码增多了。量子理论打破了我们对物体的直觉，因为它否认物体具有确定的与它们是否或如何被观察到无关的物理属性值。现在它又打破了空间和时间。正如惠勒所说，"没有空间。没有时间。天堂没有给我们"时间"这个词。它是人类发明的……如果时间的概念有问题，那是我们自己创造的……正如爱因斯坦所说：'时间和空间是我们思维的模式，而不是我们生活的前提。'"[30]

爱因斯坦指出，以不同速度移动的观察者之间，对时间和距离的测量并不能达成共识。但是他们在光速和时空间隔的问题上能达成共识——时空间隔是时间和空间的统一体，在其中时间和空间可以互换。这带来了希望，虽然单独的空间和时间不是客观实在，但也许时空是客观实在。然而惠勒用他的延迟选择实验作为摧毁常识的武器，夷平了这个希望。"爱因斯坦在1915年教我们将时间和空间焊接成时空，这至今仍然是标准的经典几何动力学，对这个我们该说些什么呢？……任何关于存在的解释，如果不能将所有连续物理学转化为比特语言，都不可能被视为基础。"[31] 他认为时空及其物体并不是基本的。相反，他提出了"它来自比特"的学说：信息，而不是物质，才是基础；物质的"它"来自比特信息。惠勒从时空到信息比特的跨跃令人震惊。为什么这两者会联系到一起？为什么比特要取代时空？时空看起来如此真实，难道不是实在的基石和框架？难道不应该是时空存在于比特之前，比特存在于时空之中，而是反过来？

但是我们的直觉再一次错了。有一个例子揭示了为什么是错的。假设我为一家计算机制造商工作，我要为他们的下一代超级计算机设计内存。我想把尽量多的内存塞进尽量小的空间里。竞争很激烈，所以我想把事情做对。我通过小道消息得知，竞争对手打算将内存塞入6个相等的球中，如图9所示。我笑了。他们犯了愚蠢的错误。这6个球能紧凑地塞进一个体积更大的球中——事实上，大球的体积超过全部小球的两倍。那个更大的球应该能容纳两倍的内存。我的竞争对手浪费了6个球之间的宝贵空间。我会用它来放入更多的内存。我自豪地告诉营销部门把广告准备好——我们的电脑内存是竞争对手的两倍。

图9：大球内有6个小球。6个较小的球体可以比外围较大的球体容纳更多的信息。
©唐纳德·霍夫曼

但我错了。如果采用我的设计，内存会比对手少约3%。虽然大球体积是6个小球加起来的两倍，虽然它可以容纳所有6个小球，但它的内存仍然更少。如果这让你感到困扰，你的理解没错。

雅各布·贝肯斯坦和史蒂芬·霍金证明，你能塞进一个空间区域的信息量与包围该空间的表面积成正比。[32]是的，是面积，而不是体积。他们最初是在研究黑洞时发现了这条规则，然后意识到它适用于任何时空区域，而不仅仅是包含黑洞的区域。这条规则被称为"全息原理"。

霍金算出了一个区域可以包含多少比特信息。要理解他的结果，你必须首先知道时空，就像你的电脑桌面一样，有像素——可能存在的最小的时空碎片。比这更小的时空根本不存在。每个时空像素都有相同的长度，称为"普朗克长度"。[33]这个长度很小，相对于一个质子来说，就像美国相对于整个可见宇宙一样小。时空也有一个最小的面积，叫作普朗克面积，是普朗克长度的平方。这是可能存在的最小的时空面积像素。霍金发现，是表面积上的像素数量，而不是体积中小立方体的数量，决定了能容纳多少比特信息。

我们对空间和时间都有强烈的信念。我的信念被全息原理震惊了。但是我很快意识到这个结果非常符合ITP，即你感知的时空就像一个界面的桌面。如果你用放大镜浏览电脑桌面，你会看到数以百万计的像素——可能是桌面上最小的碎片。比这更小的桌面根本就不存在。退后一步，它看起来就像是连续的。如果你在电脑上玩视频游戏，比如《毁灭战士》或《神秘海域》，你会看到炫目的三维世界。然而，信息完全是二维的，受限于屏幕上的像素点。当你把目光从电脑上移开，转向你周围的世界时，依然如此。世界也有像素，所有信息都是二维的。

物理学家李奥纳特·萨斯坎德和杰拉德·特胡夫特帮助开创了全息原理。萨斯坎德说："这就是我和特胡夫特得出的结论：常规体验的三维世界——星系、恒星、行星、房屋、巨石和人构成的宇宙——是一个全息图，一个在遥远的二维表面上编码的实在图像。这个名为全息原理的新物理定律，断言在一个空间区域内的一切都可以被限定在边界上的信息所描述。"[34] 这个原理现在被广泛应用于理论物理学。观察者无法接触"空间"中的"物体"。观察者只能接触到信息——写在周围空间的边界上的比特。

黑洞导致了全息原理的诞生，也给我们关于时空的直觉带来了又一次冲击。霍金发现黑洞辐射能量，现在称为霍金辐射，其温度随着黑洞尺寸的减小而增加。霍金辐射从黑洞输出能量，使其收缩，最终完全蒸发。霍金声称，在这个过程中，黑洞会破坏掉入其中的任何物体的所有信息。[35] 如果一只猫掉进去，它就会消失在黑洞中，所有关于它的信息也将永远消失。

这对猫来说是坏消息，对量子理论也是如此，因为量子理论认为信息永远不会被擦除。这不是一个小假设。如果你把它拿走，量子理论就会变成废话。霍金的结论构成了严重威胁。

爱因斯坦的广义相对论认为黑洞不仅吞噬物体，甚至吞噬空间本身。随着空间越来越接近黑洞，它流动得越来越快，最终达到甚至超过了光速。没有什么能比光速更快地在空间中传播。但是这个速度限制并不适用于空间本身。在空间以光速涌入黑洞的地方，光或信息再也不可能以足够快的速度向上游传播以逃离黑洞。这就是黑洞的事件视界，在界线之外，光线还可以逃逸，而在界线内部，则不可能逃逸。

根据爱因斯坦的理论，如果黑洞足够大，当一只猫穿越事件视界时，不会发生什么不寻常的事情。最终，当这只猫冲向黑洞中心时，它会被"揉面条"，被迅速变化的引力拉伸得面目全非。但是在视界上它只是漂浮着通过，没有意识到它的命运已经注定了。

根据爱因斯坦的说法，这只猫和它所有的信息穿过视界，再也没有出现过。然后，当黑洞消失时，所有关于猫的信息也消失了。

量子理论认为信息永远不会被摧毁。广义相对论说它可以越过事件视界并被抹去。这是一个严重的悖论。

还有更糟糕的。想象两个爱猫的人，胆小鬼和蠢蛋。胆小鬼在黑洞的安全距离注视着猫。他看到猫正在接近（但从未越过）视界，慢慢地被拉伸，变得面目全非，最终被霍金辐射烤焦——可怕的命运。蠢蛋则和猫一起跳进了黑洞。他看到的更让人宽慰——猫安全地穿过视界，没有被拉伸或烤焦。根据胆小鬼的说法，猫和它的信息在视界之外被破坏了，但是根据蠢蛋的说法，猫和它的信息在视界之内延续。

但是把猫的信息放在两个地方——黑洞之内和之外——违反了量子理论的另一条原则：量子信息不能被复制。量子信息不仅永远不会被摧毁，也永远不会被克隆。这违反直觉。我可以把信息拷贝到硬盘上。我可以丢失或者摧毁这个硬盘。但我的文件是由经典比特组成的，这些比特记录了经典信息。然而，量子信息不同于经典信息，这加剧了广义相对论与量子理论的冲突。[36]

我们能否在不违反这些科学支柱的关键原则的基础上解决这一冲突？李奥纳特·萨斯坎德发现了一种方法，利用量子理论的一个概念：互补性。[37]在经典物理学中，你可以同时明确一个物体的位置和动量。你可以说，在足球运动员踢球后的瞬间，球在球场上的位置是哪里，它朝向球门的动量是多少。但在量子物理学中不行。如果你从电子枪中射出一个电子，你可以精确地测量它的位置或动量，但不能同时测量两者。根据海森伯不确定性原理，你对位置知道得越多，你对动量就知道得越少，反之亦然。正如我们前面讨论过的，科辰-斯派克（KS）定理告诉我们，电子的位置和动量事实上没有真正独立于你的测量的值。

萨斯坎德将互补性提升到了新的高度，他称之为"黑洞互补性"。[38]以猫为例，它说在黑洞内对猫的描述是在黑洞外对猫的描述的互补。你可以在黑洞视界外观察到一只正在被烤焦的猫，或者在视界内观察到一只没有被烤焦的猫。这两种描述都是合法的，但又是互补的。关键是这个：没有观察者可以同时看到猫的两种描述，就像没有观察者可以同时看到电子的位置和动量一样。

萨斯坎德的想法现在被称为"视界互补性"，因为它不仅适用于黑洞视界，也适用于任何事件视界，包括界定可见宇宙的视界。

视界互补看似激进，但却有效。它允许量子理论和广义相对论在没有矛盾的情况下共存。但是我们必须放弃这样的想法：我们可以同时既描述视界外也描述视界内的时空和物体。对我们可以同时看到两者的假设，以及事实上没有观察者能够拥有的上帝视角假设，才是问题所在。只要放弃没有根据的上帝视角，量子理论和广义相对论就能和平共处。但其影响令人震惊。人们可能会否定说电子的位置和动量的互补性只不过是微小事物的奇异特征。但是，这种否定对黑洞视界无效。它们可以跨越数百万千米。视界内的宏大时空与视界外的宏大时空是互补的。如果我们坚持既包括黑洞内又包括黑洞外的单一客观时空——这是爱因斯坦和常识接受的观点——就会让量子理论和广义相对论产生对立。如果我们放弃客观时空，它们就能和解。

视界互补性挑战了存在一个包含所有观察者的客观时空的观点。但物理学家乔伊·波钦斯基、阿迈德·阿尔梅赫利、唐纳德·马诺尔夫和詹姆士·萨利找到了另一种基于量子纠缠的方法来研究这个观点（以他们姓氏的首字母 AMPS 著称）。[39] 再次考虑蠢蛋和黑洞，但是这次让黑洞发射霍金辐射直到它缩小到原来大小的一半，量子理论告诉我们，这时我们可以开始解码辐射中的信息。

根据量子场论，真空不是什么都没有。它充斥着成对的虚粒子。瞬息即逝的每对粒子相互纠缠，并具有相反的性质。一对粒子出现后，它们相反的属性立即相互湮灭，使真空中不存在实粒子。现在考虑两个这样的虚粒子，1和2，它们恰好出现在黑洞视界附近，而且在蠢蛋跳入视界之前，它们没有湮灭对方。粒子2掉进了黑洞，对蠢蛋来说，1变成了霍金辐射的实粒子。

在他跳进黑洞之前，蠢蛋可以测量出1与某个粒子3纠缠在一起，这个粒子早些时候从黑洞的霍金辐射中出现。然后他让自己滑入黑洞，在那里他发现1和2纠缠在一起。

但是这提出了一个问题：量子理论要求纠缠必须是一对一的。粒子1可以与粒子2或粒子3关联，但不能同时与两者关联。

视界互补问题不能解决AMPS问题，因为这个问题中不是视界隔离的两个观测者。这是同一个观察者，蠢蛋，看到1和3纠缠，然后看到1和2纠缠。AMPS解决这个问题的思路是提出在视界上有一道火墙，当可怜的蠢蛋通过时，会被烧成灰烬，这样他就不会看到1和2纠缠在一起。这道火墙拯救了量子理论，但它违反了广义相对论的预测，即在视界上不应发生任何不寻常的事情——蠢蛋穿越时不应当有事，也不应当看见一道火墙突然出现。

AMPS的"火墙悖论"引起了恐慌，人们为解决这一悖论付出了很多努力。例如，丹尼尔·哈洛和帕特里克·海顿发现要解码霍金辐射并不容易。[40]用可能的最好的量子计算，蠢蛋也要花很长时间才能发现1和3是纠缠的。黑洞都已经蒸发完了，所以蠢蛋也无法观察到1和2是纠缠的。没有观察者能同时测量这两个纠缠。

一些物理学家建议将物理学限制在观察者的"因果钻石"——可能与观察者相互作用的时空部分——以避免上帝视角。

例如，物理学家拉斐尔·布索提出了观察者互补性原理："每个观察者的实验都有一致的描述，但是两个观察者的同时描述是不一致的。这意味着一个有趣的结论，我称之为观察者互补性……观察者互补性是指对自然的基本描述只需描述与因果关系一致的实验……观察者互补性意味着每个因果钻石都必须有一个理论，但没有包含在因果钻石中的时空区域不需要。"[41]

物理学家汤姆·班克斯在接受科普作家阿曼达·葛夫特的采访时也提出了类似的观点。"相对论告诉我们，没有哪个观察者是特殊的。因果钻石之间必须规范等价，所以我视野之外的一切是我在这里可以观察到的物理学的规范副本。因此，如果你思考每一个可能的因果钻石，你就会得到不同观察者对同一个量子系统的无穷冗余描述……当你把所有这些描述放到一起时，时空就涌现了。"[42]

这与前面讨论过的富克斯、默明和沙克的说法一致，即"实在因人而异。这并不像听起来那么奇怪。对于一个观察者来说，什么是真实的，完全取决于这个观察者的经验，不同观察者有不同的经验。"[43]量子态因观察者而异。时空本身也是如此。

这就提出了一个令人困惑的问题：宇宙大爆炸是怎么回事？它不是发生在137.99亿年前，在任何观测者之前吗？这难道不是客观实在的事实，而不仅仅是某个观察者的界面描述吗？如果ITP说时空是我的桌面的特征，而不是对实在的洞察，那么这对大爆炸也同样成立。肯定没有物理学家会同意吧？

至少有一位物理学家认为，排除了观察者的宇宙没有历史，"宇宙的历史……取决于所观察到的东西，这与通常认为的宇宙有唯一的、独立于观察者的历史的观点相反。"[44]这位物理学家就是霍金，他与物理学家托马斯·赫托格合作，赞成从观察者开始的"自顶向下"宇宙学，而不是假设上帝视角的"自底向上"宇宙学。

他们解释说："在我们的过去，有一个早期宇宙的时代，那时量子引力很重要。这个早期阶段的残余就在我们周围。宇宙学的核心问题是弄清楚为什么这些残余是这样的，以及我们宇宙的不同特性是如何从大爆炸中涌现出来的。"[45] 他们的观点是，新生宇宙的巨大能量和密度需要用量子力学以及状态的叠加来描述。宇宙唯一的原初态的经典前提是不合适的："如果一个人严格对宇宙学采取自底向上的方法，那么他很快就会得到一个本质上经典的框架，在这个框架中，他完全无法再解释宇宙学的核心问题：为什么我们的宇宙是这个样子。"[46]

因此，尽管很激进，他们还是放弃了自底向上的框架。"我们提出的框架更像是一种自顶向下的宇宙学，在其中宇宙的历史取决于提出的明确问题。"[47] 我们今天进行的测量——比如，真空能量密度或宇宙膨胀速度——限制了我们可以接受的宇宙历史。

霍金的宇宙学观点与惠勒的实验是一致的。在惠勒的实验中，我归之于来自古老类星体的光子的数十亿年历史，取决于我今天测量的东西。如果我测量了它走的某条引力透镜路径，那么我就将它数十亿年的历史归之于，比如说，它走的是最上面那条路径。但是，如果我测量干涉图样，我就不能这样说了。惠勒说得好。"每一个基本的量子现象都是'事实创造'的基本行为。这是无可争辩的。但是不是只用这个机制就能创造这一切？宇宙大爆炸时发生的事情，是无数这些基本过程，这些基本的"观察者参与行为"，这些量子现象的结果吗？是不是这些创造机制一直都在我们眼前，我们却没有认识到真相呢？"[48]

霍金的看法与量子贝叶斯理论宇宙学相一致，在量子贝叶斯理论中，量子态是观察者的信念，而不是对实在的挖掘。我现在所看到的限定了我能赋予过去的状态，包括大爆炸。正如富克斯所说，"注意到宇宙大爆炸本身是一个创造的瞬间，与每个个体的量子测量有一些相似之处，人们开始怀疑它是否'可能在宇宙内部'。当然，量子贝叶斯式的创造一直在进行，无处不在，量子测量只是观察者在搭顺风车，参与到无处不在的过程中。"[49]

这一章首先从ITP的预测开始，即时空和物体在不被感知时不存在；它们不是基本的实在。我问这个预测是否已经被寻求万物至理（TOE）的物理学排除在外。答案是明确的：没有。相反，它得到了明显的支持。

本章对物理学的简短介绍显然远非详尽无遗。它忽略了玻姆、埃弗里特等人对量子理论的诠释，这些诠释试图赋予物体和时空以实在。[50]然而，我的目标不是百科全书式的物理学总览，而是一份表明ITP并未被否定的物理学概要。

值得注意的是，ITP的一个关键预测——要有万物至理，时空就必须被摈弃——已快成为物理学家的共识。例如，尼马·阿尔卡尼-哈米德在2014年圆周理论物理研究所的一次演讲中提到，"几乎我们所有人都相信时空不存在，时空注定要消亡，必须被一些更基本的基石取代。"[51]

如果时空注定消亡，那么它的物理对象也是如此。它们必须被更基本的基石取代。但如果时空不是实在的基石，不是生命戏剧的舞台，那什么才是呢？我认为，是针对适应性的数据压缩和纠错。

7. 虚拟——膨胀出全息世界

"许多独立的并且很有说服力的论点，都表明时空这个概念本身并不是基础性的。时空注定要消亡。在物理定律的实际底层描述中，根本不存在时空这样的东西。这是非常令人震惊的，因为物理学被认为是描述在空间和时间中发生的事情。因此，如果没有时空，就不清楚物理学讲的什么。"

—— 尼马·阿尔卡尼-哈米德，康奈尔大学信使讲座，2016

"那里没有勺子。"

——勺子男孩，《黑客帝国》

科学可以揭开奇异事物的神秘面纱。这种天赋带来了新技术——从手机到卫星。用亚瑟·克拉克的话说，这些技术看起来"和魔术没什么两样"。

科学也可以让平凡显得神秘。它可以突然把我们扔进好奇的兔子洞。例如，我看到一把勺子现在就放在那边的桌子上。这是如此稀松平常，以至于我根本不想花时间去思考它。但是就在这里，在完全出乎我预料的地方，科学注入了深奥的神秘：我们仍然不理解"现在"和"那边"。也就是说，我们不理解时间和空间——长度、宽度和深度——这些我们认为理所当然的东西，它们交织在我们日常感知的最根本结构中，我们认为它们是真实可靠的物理实在指南。

现在许多物理学家告诉我们，我们知道的是，时空注定消亡。空间和时间在我们的日常感知中占据中心地位。但是，即使是爱因斯坦精心构造的时空，也不能真正描述自然的基本定律。时空，以及它所包含的所有物体，在那个真实的描述中将会消失。例如，诺贝尔奖得主大卫·格罗斯注意到："每个研究弦理论的人都相信……时空注定消亡。但我们不知道它会被什么取代。"[1] 菲尔兹奖得主爱德华·威滕也认为时空可能"注定消亡"。[2] 普林斯顿高等研究院的内森·塞伯格说："我几乎可以肯定，时间和空间都是错觉。这些原始概念都将被更复杂的东西取代。"[3]

这令人深感不安。正如这一章开头引用的阿尔卡尼-哈米德的解释，"物理学被认为是描述在空间和时间中发生的事情。因此，如果没有时空，就不清楚物理学讲的什么。"对物理学家来说，这是个好消息。承认一个理论的失败，无论这个理论多么珍贵，都是一种进步。对于具有创造性的理论家来说，用更基本的东西取代时空理论是令人兴奋的挑战，很有可能改变我们对世界的看法——也许这是我们第一次有机会搞清楚，物理学到底讲的什么。

我在这一章的目标并不那么雄心勃勃。对时空注定消亡的认识以及随之而来的东西，还没有为目前的视觉理论提供启示。这些理论一般都假设空间和时间中的物体是物理实在的基础，视觉一般能复现这些预先存在的物体的真实属性。对于哪些真实属性被呈现，以及呈现是如何生成的，目前的感知理论普遍都还不能达成一致，但它们都假定物理学家认为错误的事情是正确的——时空中的物体是基础性的。

我将简要讨论感知的标准理论，然后给出一个关于我们对时空和物体感知的新视角。这个新的视角是受ITP和全息原理启发——在第6章中讨论的关键发现，即一个空间区域中可以存储的数据量取决于该区域外围的面积，而不是体积。这种关于时空和物体的新视角源于这样一个想法，即我们的感知已进化到编码适应度收益，并引导适应性行为。[4] 时空和物体的用途正在于此。但是怎么做到的呢？我认为部分是通过数据压缩和适应性信息纠错。

先看看数据压缩。适应度收益函数可能很复杂，而且有许多适应度收益函数都会关系到人的生存，因此与人有关的适应性信息的量可能非常庞大——如果人必须全部感知的话将是沉重的负担。因此人需要把它压缩到可以处理的水平。

假设你想通过电子邮件将度假照片发送给朋友，但是图像超过了邮件服务器允许的大小。你可以压缩图像并检查清晰度是否可接受。如果不行，看不清你的家人在大峡谷的留影，你就不要压缩太多。你寻找一个可接受的折中方案——压缩到可以发送，但又不会模糊到不值得发送的程度。

对于人类视觉，时空和物体就是一种可接受的折中。适应度收益函数可以有数百个维度。经过亿万年的自然选择塑造，人类视觉把这些维度压缩成三维空间和一维时间，压缩成用形状和颜色维度刻画的物体。人不能处理数百个维度，但还是能处理一些。压缩过程无疑略去了一些适应性信息。例如，我们没有看到每天有数以百万计的μ介子穿过并用电离辐射破坏我们的身体。但我们还是感知到了足够多的关于生存和繁育后代的适应性信息。

我们在三维空间中看到物体，并不是因为我们重构了客观实在，而是因为这是一种压缩格式，这种压缩算法是进化赋予我们的。其他物种可能有不同的表示适应性的数据格式。我们的生活、移动和存在，并不是在时空和物体组成的客观实在中，而是在时空和物体格式的数据结构中，这种数据结构在智人中进化出来，以一种节约和有用的方式来表示适应度收益。我们的感知被编码为这种数据结构，而我们则错误地认为它的时空格式就是我们生活在其中的客观实在。这个错误是可以理解的，也是可以原谅的：我们的数据格式不仅限制了我们感知的方式，还限制了我们思考的方式。挣脱它的限制，甚至认识到这种可能性，都不容易。对这种可能性的领悟在知识阶层和宗教文化中有悠久的历史。

对于将时空和物体作为适应值的压缩编码，还有很多需要探索。例如，什么样的适应性被空间捕获，什么被物体捕获？形状、颜色、纹理和运动是如何在对适应度的压缩中产生的？为什么适应度的压缩会让我们产生不同形式的感知——视觉、听觉、味觉、嗅觉和触觉？也许空间距离意味着获取资源的成本：一个只消耗几卡路里的苹果可能出现在仅1米远的地方，而一个需要更多卡路里的苹果可能出现在更远的地方。猛兽为了抓到我消耗的卡路里越多，它们可能就显得越遥远。最近的实验支持这个观点。例如，丹尼斯·普罗菲特与合作者发现，饮用含糖饮料的人比饮用不含糖饮料（以及人工甜味剂）的人估计的距离要短；经常运动的人比不健身的人估计的距离要短。这表明，我们对距离的感知不仅取决于能量消耗，还取决于能量消耗与我们可用能量的对比。[5]

再来看纠错。当我们使用网上银行或上网购物时，有价值的数据就会通过互联网传播。为了防止被黑客窃取，数据会加密。但另一个同等重要的问题是噪声。假设你花了60美元在网上给妈妈买花。后来你发现由于网络噪声小数点滑了两位，你实际上花了6000美元——这是一个代价高昂的错误。如果这样的错误很常见，电子商务将无法进行。为了防止这种情况，数据在发送前会被格式化为纠错码。

校验和纠错的关键是冗余。[6] 一个简单的例子是重复。假设您想要发送4比特数据，例如位串1101。你可以连续发送三次：110111011101。接收器检查三次传输是否一致。如果一致，它就认为没错。但如果某次传输不同于其他，它就检测到了一个错误。它可以要求重新传输，或者假设相同的两个位串是正确的。

有许多巧妙的方法可以增加冗余，比如将消息嵌入高维空间中。但关键在于，我们的感官传递了关于适应度收益的信息，而获得正确的信息对于生存至关重要。适应度收益的小数点滑一位，对你可能是生与死的差别。可以想见，自然选择会在我们的感知界面中设置冗余，它塑造了我们的时空桌面和物理对象图标，使其带有适应度收益的冗余码，从而可以校验和纠错。

这正是贝肯斯坦和霍金对时空的发现。它有冗余。二维可以包含任何三维空间中的所有信息。这就是我们在上一章讨论的苏士侃和特胡夫特的全息原理。这不符合直觉，并且违背了我们的假设，即三维空间是我们的感官重建的客观实在。但如果你认同我们的感官呈现适应度，并且需要冗余（比如额外的空间维度），以确保它们的呈现不会受噪声干扰，那么这就说得通了。

物理学家已经证实了自然选择的预测，即空间有冗余。但是，他们是否也证实了这种空间冗余的确有纠错码的功能？这一努力正在进行中，而且很有希望。物理学家阿迈德·阿尔梅赫利、董希和丹尼尔·哈洛发现，全息原理揭示的空间冗余表现出了纠错以防止数据被噪声擦除的特性。[7]如他们所说，"全息原理也自然呈现于一个普遍性命题之中，即对于给定编码能保护多少量子信息不被擦除存在上限。"[8]物理学家约翰·普雷斯基、丹尼尔·哈洛和费尔南多·帕斯陶斯基等人已发现了将时空几何解释为量子纠错码的具体方法。[9]

由此得出的结论是，时空和物体是我们的感官用来呈现适应性的编码。像任何可用的编码一样，它使用冗余来抗噪。这个结论正是ITP，同时增加了额外的洞察，即界面压缩数据和抑制噪声。

这个结论还没有得到大多数视觉科学家的认可。他们仍然认为视觉是真实的，重建了时空中真实的物体。加州大学洛杉矶分校医院前首席精神病医生路易斯·韦斯特在《大英百科全书》的"空间感知"条目中阐述了这一假设。韦斯特认为，真实感知是"对存在的刺激的直接感知。没有一定程度的关于物理空间的真实性，人们就不能寻找食物，逃离敌人，甚至不能社交。真实的感知也会让人将变化的刺激体验为好像是稳定的：例如，即使老虎靠近时的感官图像变大了，人们还是倾向于认为老虎的体型保持不变。"

当然，视觉科学家并不声称感知始终是真实的。他们承认通过启发可以扭曲实在。但是他们认为真实性是目标，而且通常可以达到。

例如，他们认为，我们对物体的感知的对称性揭示了客观实在的对称性。视觉科学家齐格蒙特·皮兹洛就是这么说的。"想想动物身体的形状。绝大多数是镜面对称的。我们怎么知道它们是镜面对称的？因为我们把它们看成这样。除非两个对称的半体被认为具有相同的形状，否则就不可能把镜面对称的物体看成镜面对称。请注意这是很让人吃惊的，因为：(1)我们只看得到前面，两个半体的可见表面；(2)我们从观察方向看到的两个半体相差180°。除非形状不变性是一种真实的现象，并且除非它接近完美，否则我们甚至不知道对称形状是否真正存在。"[10]

我们可以将这个说法精确化：我们感知中的任何对称性都意味着客观实在中的相应对称性。

这种说法成立吗？这里我们不能依靠直觉，我们需要证明。我们也的确有一个。由我提出猜想并由奇坦·普拉卡什证明的"对称性发明定理"揭示了这种说法是错误的。[11]这个定理指出我们的感知中的对称性并不意味着客观实在的结构。对此的证明是建构性的。它明确展示了在一个没有任何对称性的世界里,感觉和行为是如何拥有对称性的,例如平移、旋转、镜面和洛伦兹对称。

这就提出了一个显而易见的问题。我们看到许多对称的物体。为什么?如果感知的对称性并不意味着实在的对称性,那么我们为什么要看到对称?

答案依然是数据压缩和纠错——它们的算法和数据结构往往涉及对称性。[12]过多的适应度信息可以利用对称性压缩到可接受的水平。为了感受这一点,想象看一个苹果。如果你稍微向左移一点,看起来会怎么样?你可以用对称——简单的旋转和平移——来回答这个问题。你不用为每个视角存储数百万数据,你只需要5个——3个用于平移,2个用于旋转。对称是我们用来压缩数据和纠错的简单程序。我们感知中的对称揭示了我们如何压缩和编码信息,而不是客观实在的本质。

"但是,"你可能会反对,"我们可以构建计算机视觉系统来驾驶汽车,并且看到和我们一样的形状和对称性。这难道不表明,我们和计算机都看到了实在的本来面目吗?"

并非如此。对称性发明定理适用于任何感知系统,无论是生物还是机器。计算机看到的对称性并不意味着客观实在的结构。我们可以制造一个能看到我们所看到的对称性的机器人。但这并不能让我们洞察世界的结构。

皮兹洛认为进化为对物体和空间的真实感知提供了理论基础。"如果不能提供计划性和目的性行为，动物的成功进化和自然选择的成功将是不可想象的。"[13] 他认为，我们在狩猎、种植和采集方面的成功取决于计划和协作，而这需要对客观实在的真实感知。

计划和协作对我们的成功至关重要。但是，它们需要客观实在的真实呈现吗？根据FBT定理，不需要。网络游戏《侠盗猎车手》让玩家为一些不光彩的目标而合作，比如抢劫商店或偷车。他们的计划不是基于对晶体管和网络协议的真实感知，而是基于一个由高速汽车和诱人目标组成的虚假世界。

支持真实感知的论证并不成立。而这个理论却依然是视觉科学的标准理论。根据这一理论，在时空中确实存在具有客观属性（如形状）的三维物体，即使在没人观察的情况下也存在。当你看苹果时，苹果表面反射的光会被你眼睛的光学器件聚焦到你的二维视网膜上。这个苹果在二维视网膜上的光学投影会丢失苹果的三维形状和深度信息。你的视觉系统会分析它的二维信息，计算出苹果真正的三维形状。它恢复或重建光学投影丢失的信息。这个重建过程有时被称为"逆几何光学"，有时被称为"贝叶斯估计"。[14]

具身认知理论的支持者反驳了这个观点，这个理论建立在心理学家詹姆士·吉布森的思想基础上。[15]他们认为，我们是用真实身体与真实物理世界互动的物理存在，我们的感知与我们的行为紧密联系在一起。感知和身体行为必须放在一起理解。当我看到一个红苹果，我不仅仅是在解决一个逆几何光学或贝叶斯估计的抽象问题，而是看到一个与我的行动紧密关联的三维形状——我如何走向它，抓住它，然后吃掉它。大多数赞成逆几何光学或贝叶斯估计的视觉科学家都同意，行动和感知是紧密关联的。

"激进具身认知"的支持者则主张，感知和行为不仅相互关联，而且感知不需要信息处理。[16]他们认为，感知和行为的互动不用计算和表征也可以理解。这种激进观点的支持者不多，并与量子物理学家主张的所有物理过程都是信息过程，以及信息永远不会被摧毁的观点相矛盾。这种主张也与另一种众所周知的真理不相一致，即任何经历一系列状态转换的系统都可以被解释为一台计算机（也许是一台愚蠢的计算机，但仍然是计算机）。

ITP反对认为感知是真实的标准理论，但同意感知和行为是紧密关联在一起的。我们的感知进化是为了引导适应性探索和行为：我的苹果图标引导我选择吃还是不吃，以及如果吃的话怎么抓和咬；我的毒藤图标引导我选择不吃，以及为了避免任何接触而采取措施。

ITP对因果关系作出了一个违反直觉的断言：时空中物体之间因果关系的出现是虚构的——是有用的虚构，但仍然是虚构。我看见母球把8号球打进角袋。我很自然地认为，是母球导致了8号球滚向角袋。但严格来说，我错了。时空只是特定物体的桌面，物体是桌面上的图标；或者，就像我们讨论过的，时空是信道，物体是关于适应性的信息。如果我将文件图标拖入回收站，文件会被删除，如果我认为将图标拖入回收站导致了文件被删除，这种认识有助于操作，不过是错的。事实上，通过这种伪因果推理来预测行为后果的能力是界面设计良好的标志。

ITP的这个预测——时空中物体之间因果互动的出现是虚构的——得到了缺乏因果顺序的量子计算的有趣支持。[17]通常我们以特定的因果顺序每次计算一个步骤。例如，可以从数字10开始，除以2，再加2，得到结果7。如果我颠倒顺序，先加2再除以2，得到的结果是6。运算的顺序很重要。但是量子计算机可以没有明确的运算因果顺序。这种计算机利用因果顺序的叠加以实现更高效的计算。[18]

界面理论预测物理因果是虚构的。这与物理学并不矛盾。如果像物理学家现在认为的那样，时空注定消亡，那么其中的物理对象和它们表面上的因果关系也注定会消亡。目前的意识理论也注定如此，例如朱利奥·托诺尼的综合信息理论（IIT）或约翰·塞尔的生物自然论，这些理论认为意识具有时空中物理系统的某些因果属性。[19]如果像神经元这样的物理对象没有因果效力，那么IIT就是将意识等同于虚构，而不是具有效力的行为。此外，因果计算还不如放弃了因的计算有力度。[20]当IIT将意识等同于因果计算时，它就是将意识等同于次一等的计算。为什么意识应该低人一等？有没有关于意识的原理性洞察支撑这个可疑的主张？

物理因果的虚构性使得构建玄妙的"万物理论"变得棘手。我们必须先给出一个关于我们的界面的理论，以及它的各个层次的数据压缩和纠错。然后我们可以用这个理论来问，从我们在界面上看到的结构中，我们能否推断出关于客观实在的什么。如果我们不能推断出任何东西，那么我们就必须假设一个客观实在的理论，并预测它会如何呈现在我们的界面上。如果要用我们的理论作出经验性预测，并通过细致的实验进行验证，以上是常规的科学程序。我怀疑，如果我们在这项事业上取得成功，我们将会发现，我们对生命和非生命的区分并不是出于对实在本质的洞察，而是由我们的时空界面的局限造成的。一旦我们将界面的局限性考虑进来，我们将会找到对实在的统一描述，包括生命和非生命。我们还会发现，神经元网络是我们用来表示纠错编码器的符号之一。

在ITP中，我们可以用如图10所示自主体与世界的互动简单表示感知与行为的关联。图顶部的圆角框表示自主体之外的世界。我暂时不会声称对这个世界有任何了解。特别是，我不会假设它有空间、时间或对象。我只能说这个神秘的世界有许多可以变化的状态，不管它们是什么。就自主体本身来说，有一系列体验和行为，也用圆角框表示。自主体基于当前的体验，决定是否以及如何改变当前的行为选择。标记为"决策"的箭头表示了这个决定。自主体然后对世界执行其选择的行为，图中表示为标有"行动"的箭头。自主体的行为改变世界的状态。反过来世界又会改变自主体的体验，图中表示为标有"感知"的箭头。感知和行为就这样在"感知决策行动"（PDA）的循环中关联到一起（在附录中有对此的数学描述）。

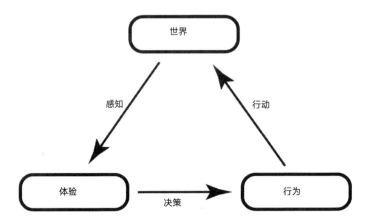

图 10："感知 - 决策 - 行动"（PDA）循环。自然选择塑造了这个循环，让经验可以指导提高适应性行为。©唐纳德·霍夫曼

PDA 循环由进化的一个基本要素——适应度收益函数塑造。行为的适应性取决于世界的状态，但也取决于生物（自主体）及其状态。每当自主体对世界执行某种行为，它就会改变世界的状态，并获得适应度奖励(或惩罚)。只有行为能获得足够适应度收益的自主体才能生存和繁衍。自然选择偏好PDA循环能正确调整适应度的自主体。对于这样的自主体，它的"感知"箭头传递了关于适应度的信息，它的体验呈现了这些关于适应度的信息。这些信息和体验都是关于适应度的，而不是关于世界的状态。自主体的体验变成了界面——不求完美，够用就行。它引导能收集足够适应度的行为，从而能存活足够长时间繁育后代。

经过一代又一代的无情选择，每个自主体都已经被塑造得选择的行为能带来理想的适应度收益。要成功繁育后代，自主体就必须采取能收集足够适应度的行为来繁育后代，感知、决策和行动必须

相互协同。那些缺乏这种协同能力的自主体很可能会悲惨地英年早逝。具有这种协同能力的自主体，则会拥有能形成有用界面的感知，产生能与这个界面正确关联的行为。

体验和行为不是免费的。你的技能越多，你所需的卡路里就越多，所以选择压力会抑制自主体的技能数量。但如果你的技能太少，你可能会缺乏关于适应度的重要数据以及能提升适应度的关键行为。不同自主体会演化出不同的解决方案，以不同的方式来平衡选择的竞争压力。人类可能比甲虫拥有更多的嗅觉体验；熊又比人类拥有更多的嗅觉体验。没有完美的解决方案——只有可行的方案，让自主体在所处的小生境中生存下来。

但无论是怎样的解决方案，与相关的适应度收益的复杂性比起来，体验和行为的数目都是很少的。自主体感知的所有关于适应度的信息必须压缩成便于管理的大小和可用的格式，而且不能丢失关键信息。信息应该让自主体能发现和纠正错误。

例如，你在黄昏时沿着人行道散步，突然害怕地跳了起来。你环顾四周，寻找罪魁祸首，当你发现草丛中是一根浇花的水管时，你放心了。你的惊跳是由一条适应度信息触发的，但是纠错不充分——它错误地写着"蛇"。正因为这条消息没有在纠错上浪费时间，所以它很快送达了，并且你迅速采取行动以避免适应度受损。在最初的惊吓之后，一条纠错信息出现了："别担心，只是水管。"你不必要的跳跃浪费了卡路里，压力诱发了肾上腺素的分泌，所以它略微损害了你的适应度。但从长远看，这种快速且容易出错的信息通过降低致命咬伤的风险增加了你的适应度。如果你只依靠可靠但缓慢的信息，那么很可能有一天你会正确地得知"你刚刚被蛇咬了"。很对，但没什么帮助。

这说明对于适应度信息的压缩和纠错有多种解决方案。我们可以想见，自然选择已经形成了各种解决方案，以应对变化多端的适应性，并且单个生物也可能有多种解决方案，以应对不同的适应性需求。但我们也可以想见在不同物种之间会有类似的解决方案，因为在物种形成的过程中，进化通常会再利用而不是重新设计。在眼睛的蹩脚设计中我们就能看到再利用：通过眼睛晶状体的光必须穿透血管和中间神经元的遮挡，才能碰到视网膜后部的感光器。所有脊椎动物都是这样的，这表明它在脊椎动物进化的早期就出现了，并且从未被纠正过。这种蹩脚设计完全没有必要。头足类动物的设计就是正确的，比如章鱼和鱿鱼的光感受器就位于中间神经元和血管的前面。

我们可以在图11的视觉示例中看到实时纠错。左边的两个黑盘上有白色的剪口。右边是这两个盘旋转后剪口对齐。突然间，你看到的不仅仅是有剪口的圆盘。你看到一条发光线漂浮在圆盘前面。你可以检查圆盘之间是否绘制了发光：用拇指盖住圆盘，发光就会消失。

你可以把这条发光的线看作你对擦除的纠正。这就好像你的视觉系统判断实际信息是一条直线，但是这条直线的一部分在传输过程中被抹去了。它通过用一条发光线填充缺口来纠错。这类似于对只能发送000和111两种消息的简单"汉明"码纠错。[21]如果接收者收到比如说101，那么它就知道有错误，中间的1被擦除了，所以它修复了擦除并得到消息111。汉明码使用3比特发送1比特信息，因此它允许接收者检测和纠正单个擦除错误。

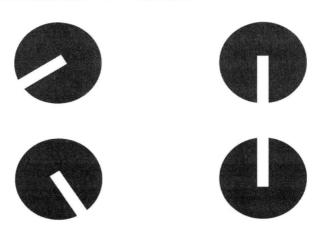

图11：修正擦除线。视觉系统在右侧的两个圆盘之间画一条线来纠正擦除错误。© 唐纳德·霍夫曼

通过纠正黑盘图像中的擦除，你可以恢复一条消息："圆盘前面的线。"还可以恢复另一条消息："圆盘后面的线。"要得到这条消息，请将圆盘想象成白纸上的孔。你在透过这些孔看，在纸的后面看到一条线。请注意，当你看到这条线时，圆盘之间的线段不再发光，但你仍可以感觉到它在那里。

当你不看时，哪条线在那里？发光的还是不发光的？这个问题当然很蠢。当你不看时就没有线。你看到的线是你在更正擦除后恢复的信息。

让我们问另一个问题：当你在看时，你会看到哪条线？发光的还是不发光的？你不能确定。有时你会看到发光的线，有时看到不发光的线。但是你可以猜测概率。我更经常看到发光的线。我会说，我看到它发光的概率大约是3/4，看到它不发光的概率约是1/4。如果有人要求我用概率来表示这条线的"状态"（发光或不发光），我会为这条线写下一个"叠加"态，在其中，发光态的概率为3/4，不发光态的概率为1/4。这类似于我们之前在量子理论中遇到的叠加态。回想一下，根据量子贝叶斯理论，量子态并不描述即使没有人观察也存在的世界的客观状态，而是描述某个自主体的信念，即如果她采取行动，她会看到什么，或者，更严格地说，如果她进行测量，她会得到什么结果。[22]

让我们进一步看看这个例子。在图12中，左侧有4个带切口的黑色圆盘。右边对这些圆盘进行了旋转，让切口对齐。突然间，你不仅仅看到带有切口的圆盘，你还可以看到4条发光线漂浮在圆盘前方。每条发光线似乎都在圆盘之间的空白处继续延伸。你可以再次检查是否是你创建了圆盘之间的发光线，用拇指覆盖两个圆盘，发光线消失了。

你的视觉系统纠正了4个擦除错误，创建了4条发光线。同时它也检测到了更高级别的编码信息：一个正方形。它接收不同抽象层次的信息——一维线和二维正方形。你的纠错可能同时涉及两个层次；正方形信息的证据增强了你的视觉系统对应该恢复被擦除线条的信心。

图 12：修正被擦除的正方形。视觉系统在右边的 4 个圆盘上创建一个正方形来纠正擦除错误。©唐纳德·霍夫曼

　　你的视觉系统还可以检测到另一种关于正方形的信息。再一次，把4个黑色圆盘想象成白纸上的孔洞，想象你正在透过这些洞看。你会看到纸的后面有一个正方形。当你这样作时，注意它的线条并没有发光。你确信这些线条是存在的，但是它们被白纸遮住了。

　　所以你可以从这个图中得到两条不同的关于正方形的信息。其中一条信息是前面的正方形，有发光的线条；第二条信息是后面的正方形，线条不发光。请注意，要么4条线都发光，要么都不发光。你永远不会同时看到两条发光的线和两条不发光的线。为什么？因为你的视觉系统已经将全部4条线组合成统一的信息：一个正方形。它将4条线"纠缠"在单个物体中，因此4条线必定是一样的。

　　现在进行这个例子的最后一步。图13的左边是7个有切口的黑色圆盘。右边对这些圆盘进行旋转，让切口对齐。突然你看到了6条发光的线条；你纠正了6处擦除的线条。

图 13：修正被擦除的四棱锥。视觉系统在右边的 7 个圆盘上创建一个四棱锥来纠正擦除错误。© 唐纳德·霍夫曼

　　但是现在你会做更激进的事情：你把这些线纠缠成单个物体——一个四棱锥——在这个过程中，你创建了一个新的维度——深度。[23] 你用二维信息全息膨胀出三维。这个例子中的纠缠与创建三维空间的意识体验密切相关。请注意，有时你会看到顶角朝外的四棱锥，有时是顶角朝内的四棱锥。当你从一个四棱锥变换为另一个时，你逆转了你全息构建的三维深度关系——前面的线条变成了后面的线条，反之亦然。这些线条都纠缠为一个整体，有一个现象可以证实这一点，当四棱锥出现在圆盘前面时，它们都会发光，出现在圆盘后面时，它们都不再发光。

　　在量子理论中，马克·范拉姆斯东克、布莱恩·施温格等人的研究表明，时空由纠缠的丝线编织而成。[24] 我怀疑不仅仅是相似。我怀疑在我们的视觉例子中看到的叠加态、纠缠和三维全息膨胀与量子理论中研究的完全相同。时空不是独立于观察者的客观实在。它是由自然选择塑造的界面，用来传递适应度信息。在四棱锥的视觉例子中，我们看到这个时空界面以及纠错、叠加、纠缠和全息膨胀在起作用。

　　另一种将二维空间膨胀为三维空间的方法如图14所示。左边圆盘中每个点的亮度随机选择。你只能看到噪声。中间圆盘的亮度均匀，看起来是平的。右边圆盘中的亮度则是逐渐而系统地变化。现在奇迹发生了——你把圆盘膨胀成了球体。即使这些信息是二维的，你也可以将其全息膨胀成三维物体。

图14：阴影圆盘。左边圆盘的随机阴影和中间圆盘的均匀阴影使它们看起来是平的。右边圆盘的阴影使它看起来像球体。© 唐纳德·霍夫曼

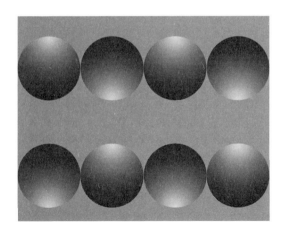

图15：凹凸圆盘。假设光源在顶上。© 唐纳德·霍夫曼

有时你膨胀出一个凸面，有时膨胀出一个凹面，如图15所示：你的视觉系统更喜欢让膨胀出的形状显得光线像是从顶上照射下来的。[25]

除了膨胀亮度梯度外，你还会膨胀曲线，如图16所示。左边是有直线网格的圆盘，它看起来是平的。中间圆盘的线条略微弯曲，你会将它膨胀成球体。右边的曲线和亮度梯度结合在一起，你会将它膨胀成很逼真的球体。

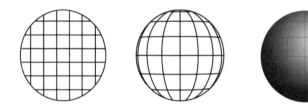

图 16：膨胀第三维。我们有时把弯曲的轮廓解释为有深度的三维形状。©唐纳德·霍夫曼

我们从这些直线、正方形、立方体和球体的例子中学到了什么？按照标准的视觉科学的说法，这些例子向我们展示的是视觉系统是如何重建真实物体在客观时空中的真实形状。

而根据ITP的说法，它们向我们展示的是完全不同的东西：视觉系统如何解码有关适应性的信息。没有客观时空，我们也不是在试图恢复时空中预先存在的物体的真实属性。相反，时空和物体只是传递适应性信息的编码系统。在刚刚看到的这些视觉例子中，我们发现自己把信息从二维膨胀成三维，这并不是表明客观实在是二维而不是三维的。相反，它们旨在挑战我们认为时空本身是客观实在的信念。这些例子有两个维度只是为了适合在纸上展示。

如果适应性信息被少量噪声损坏，系统有时可以纠错，就像我们看到的发光线条。如果噪声太多，比如像素具有随机亮度的圆盘，我们就无法纠错；我们看到的噪声没有清晰的适应性信息。

但是，如果亮度和轮廓传递了一致的信息，那么我们通常会将这些信息解码成三维形状的语言，这种语言是为引导适应性动作而量身定制的。例如，我们看到球体，就能知道该如何抓住它或避开它。我们看到苹果，就知道抓起和吃掉它可以增加我们的适应度；我们看到猎豹，就知道采取靠近它是不明智的。

简而言之，我们并不是在重建预先存在的物体的三维真实形状——没有这样的物体。相反，我们重建的是关于适应性的信息，这条信息恰好使用三维形状作为编码语言。

一旦我们知道了人类视觉如何解码适应性信息，就可以利用这一点来传递我们想传递的信息。例如牛仔裤。制造牛仔裤有打磨工序，手工磨砂或激光蚀刻，目的是模拟磨损。打磨出的亮度梯度，就像图16中球体的亮度梯度一样，可以传递三维空间中的形状信息。牛仔裤上还有弯曲的轮廓——口袋、接缝和束腰。这些曲线就像图16中球体的曲线一样，也可以传递关于三维形状的信息。达伦·佩舍克和我发现，通过仔细设计这些曲线和打磨，我们可以改变感知到的形状，从而传递另一种关于适应度的信息——这条牛仔裤包裹的身体很性感。这催生了名为优形丹宁的牛仔新系列。[26]服装就像化妆品一样，可以传递精心设计的关于适应度的信息，其中包含一些善意的谎言。

图17：牛仔裤衬托身材。左边看起来是平的。右边看起来结实有弹性。这种差异是通过对视觉线索的精心设计实现的。© 唐纳德·霍夫曼

图17中的牛仔裤展现了这一点（彩图A）。这条牛仔裤的左边是标准剪裁和打磨。右侧是精心设计的剪裁和打磨，以传递出匀称和性感的身体信息。左边看起来很平，右边看起来很匀称。穿牛仔裤的是同一个人，但两边身体在外形和吸引力上表现出了很大区别。

总之，时空不是在生命萌芽前很久就已存在的古老剧场。它是

我们临时创建的数据结构，用于搜寻和捕获适应度收益。像梨子和行星这样的物体，也不是在意识出现之前很久就已存在的古老舞台道具。它们也是我们创建的数据结构。梨子的形状是描述适应度收益的编码，并建议了我们可以采取的获取它们的行动。它的距离编码了我接近并抓取它的能量消耗。

我们膨胀时空，用精心雕琢的形状构建物体。然后我们还添加了华丽的装饰。我们用颜色和纹理来绘制这些形状。为什么？因为颜色和纹理编码了关于适应性的关键数据，下一章我们将对此进行探讨。

8.多彩——界面的变异

"纯粹的色彩,没有被意义破坏,没有固定的形式,可以用千万种不同的方式与灵魂对话。"

——奥斯卡·王尔德,《作为艺术家的评论》

色彩表现力丰富。它可以传递千万条不同的关于适应度收益的信息,并触发不同的适应性反应。色彩是适应性的窗口——同时也是监狱。试着想象一种你从未见过的具体颜色。我试过了,做不到。当然,有一些颜色是其他人或动物能看到,而我看不到的,但我无法具体想象哪怕一种,就像我无法想象四维空间一样。色彩,就像我们每个人的感知一样,既是窗户也是监狱。

作为适应性的窗口,色彩并非完美,只是足以引导我们的行为,让我们能活到繁育后代。色彩,就像我们的其他感知一样,将适应度收益的复杂性压缩到只留下最基本的部分。

每个窗户都有边框。人眼只能看到波长在400~700纳米之间的光,只占整个电磁波谱的极小一部分。这不仅仅是数据压缩,这是数据删除。在我们狭窄的颜色窗口之外,有大量关于适应度的数据,我们冒着生命危险丢弃这些数据,包括可以把我们烤熟的微波，可以灼伤我们的紫外线，以及可以导致我们患癌症的X射线。我们看不见的东西有可能杀死我们，有时也的确发生了。但通常只是在我们繁育后代之后，它才会这样作。所以，面对这些不怎么损害我们繁殖机会的危险，自然选择让我们变得盲目和脆弱。我们的感知告诉我们关于适应度的信息，但是它们说的既不真实也不完整。它们告诉我们的东西比我们自私地希望的要少——足以让我们生育和抚养孩子，但不足以让我们成为充满活力的百岁老人。

在我们能够看到的波长的狭窄窗口中有丰富的信息。然而我们却对其大肆压缩，在眼睛的每个微小区域只留下4个数字。我们从视锥细胞中得到3个数字，分为L、M和S三种，还有一个数字来自视杆细胞。[1]它们压缩数据的方式如图18所示(彩图B)。

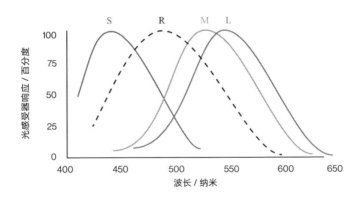

图18：眼视网膜上3种视锥细胞（L、M、S）的敏感度曲线。视杆细胞在微弱光线下调控视觉的灵敏度用"R"曲线表示。© 唐纳德·霍夫曼

以标记为"L"的红色曲线为例。它展示了长波长敏感（L）视锥细胞对不同波长光的灵敏度。如果光子的波长约为560纳米（在红色曲线的顶部附近），那么L视锥细胞捕捉到它并发送信号的概率比波长约为460纳米的光子（在红色曲线的底部附近）大得多。

类似地，中波长敏感（M）视锥细胞对530纳米的光最敏感，短波长敏感（S）视锥细胞在420纳米处最敏感。这3种视锥细胞——L、M和S——对我们的色彩感知至关重要，并且在明亮的光线下最有效。标记为R的虚线展示了视杆细胞的灵敏度，它能在昏暗光线中调控我们对灰色阴影的视觉。视杆细胞的整体灵敏度远远高于视锥细胞，使它们能够在昏暗的光线下工作。

视觉的数据压缩率很高。我们忽略了狭窄波长窗口外的所有光子，并让剩余的光子通过图18中的4个滤波器。

人类眼睛有700万个视锥细胞和1.2亿个视杆细胞，每个细胞都传递压缩信息。然后，眼神经回路再将这些信号压缩成100万个，并转发给大脑，由大脑纠错并解码关于适应度的可操作信息。

我们可以发现自己在纠正图19中奥林匹克五环中的擦除错误（彩图C）。这幅图有5个黑色圆圈，每个圆圈内嵌一个彩色圆圈。圆圈的内部是白色的。你的视觉系统检测到错误。它假定内嵌的颜色曾经充满了圆环，但被擦除了。它通过注入颜色来修复擦除。你可以看到蓝色、橙色、灰色、绿色和红色的模糊圆环。如果你的目光稍微移到图的侧边，效果是最强的。这种"水彩错觉"曾在过去被用于在世界地图上用不同的颜色描绘国家。[2]

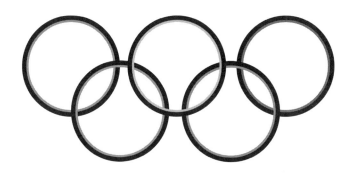

图19：奥林匹克五环错觉。填充每个环的颜色是错觉。视觉系统创建它们来纠正擦除错误。©唐纳德·霍夫曼

在图20的霓虹方块错觉中我们可以再次发现自己的颜色纠错行为（彩图D）。[3] 左边的图像由涂有蓝色弧线的黑色圆圈组成。圆圈之间的空间是白色的。但是你的视觉系统认为透明的蓝色方块被擦除了，它通过填充一个有锐利边缘的发光蓝色方块来纠错。你可以通过覆盖圆圈来检查正方形是否是错觉；蓝色光芒消失了。

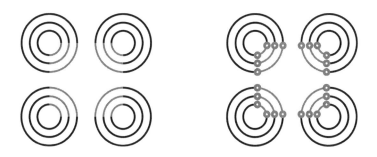

图20：霓虹方块错觉。发光的蓝色方块是错觉。视觉系统创建它来纠正擦除错误。©唐纳德·霍夫曼

视觉科学家还在努力理解你纠错和解码颜色时遵循的复杂逻辑。图20的右侧与左侧相似，只是添加了一些蓝色小圆圈。虽然右边的图像比左边的图像有更多的蓝色轮廓，但你不再认为有蓝色方块被擦除了，你也不再绘制发光的方块。

这背后的逻辑似乎包含了关于几何和概率的复杂推理。如果一个红色的透明方块漂浮在右侧图像中圆形图案上方一点点，那么方块的边缘必须与小圆圈的边缘完美对齐。只有从一个特殊的或"非一般的"视角看这个方块和圆圈的几何图形，你才能得到右边的图像。如果视角改变一点点，红色方块和小圆圈的对齐就会被打破。这种采取"一般性视角"的逻辑，似乎是我们用来解码和纠正我们的界面语言中的适应性信息的颜色和几何的一条关键原则；当我们解码时，我们拒绝低概率解释。[4]

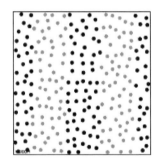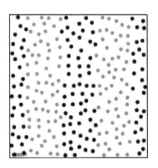

图21：电影中的两帧点图。当画面以电影的形式播放时，视觉系统会创建移动、发光和有尖锐边缘的蓝色条。©唐纳德·霍夫曼

在对关于适应性的信息进行纠错和解码时，我们有时会将物体、颜色和动作整合到一起，构造出复杂的图标。例如，图21展示了一部在线视频中的两帧画面（彩图E）。[5]每帧画面包含几十个点，

各点在每帧画面中的位置不变。从一帧到下一帧，有些点会改变颜色，一些是从黑色变成蓝色，一些是从蓝色变成黑色。但是当你观看视频时，你会看到边缘清晰的蓝条向左滚过一片黑色的点。[6] 为了纠正擦除，你用透明的蓝色表面填充蓝点之间的区域。为了纠正另一个擦除，你用清晰的边缘界定这个蓝色区域。你将边缘和蓝色区域绑定到一起，以创建单一的物体，一个透明条，然后将向左的运动赋予你创建的物体。这个过程结束时，你已经将一条关于适应性的信息解码成了你的界面语言——具有形状、位置、颜色和运动的物体的语言——这条信息现在可以指导你的下一步行动。

图 22：约瑟夫帽子错觉。帽子左边的棕色长方形与帽子前面的黄色长方形印刷的是相同颜色的油墨。© 唐纳德·霍夫曼

复杂的形状引导复杂的动作。我们来看看图22中的约瑟夫帽子（彩图F）。你将图中的复杂形状解码为帽子的边缘和顶部，以及它们在三维空间中的运动。这样你就能知道要抓住帽沿需要你的手采取怎样的抓力和方向，要抓住帽顶又需要怎样的动作。你知道抓帽沿比抓帽顶更容易抓牢，而且不会扭曲它的形状。帽子是你界面上

的图标，它的复杂形状编码了对于适应性动作至关重要的信息。

你的手本身也是你界面上的图标，而不是客观实在。你必须对你手的形状解码，不亚于对帽子的解码。我们不知道客观世界到底是什么，因此当我们抓住一顶帽子时，我们也不知道我们到底在客观世界里作了什么。我们只知道，不管我们实际是在作什么，我们的界面只让我们看到一只三维的手抓住一顶三维的帽子。帽子和手，以及将帽子握在手里，是关于适应性的信息，这些信息被压缩和编码成我们感知为三维空间的纠错格式。我的身体本身也是图标，隐藏了我不知道的复杂实在。我不知道自己的真实行为。我只知道在我的界面上我的身体图标如何与其他图标互动。

约瑟夫帽子有许多颜色，我们将其解码为曲面和光线。我们将帽子左边的棕色矩形解码为直射光下的棕色表面，帽子前面的黄色矩形解码为阴影中的黄色表面。但这两个矩形的颜色其实是一样的：把帽子遮住，只露出这两个矩形，就可以看出它们是相同的棕色。（实际上，在创建这张图片时，我使用 Photoshop 的色彩填充工具使这两个矩形中的像素一模一样。）因此你可以用两种互相矛盾的方式来解码这两个矩形，一种是相同的棕色，另一种是不同的颜色。两者都没有描绘客观实在。两者都只不过是关于适应性的信息。你在不同的背景中解码成不同的信息。

帽子是一个图标，其形状和颜色有助于明确适应度收益。对它的描述并不详尽，只是此刻你所需的。它的形状告诉你如何抓住它，以及如何把它戴到头上，为你遮风挡雨。对它的分类，帽子，能提供关于适应性的有用建议：帽子不会咬人，不能吃，不会动，可以防晒和防寒。图标的类别提示了相应的适应性和应对方法，比如说蛇：它会咬人、可食用、不会跑但滑行得很快，它不会为你遮风挡雨。如果你不得不抓住它，它的形状告诉你抓取的力道要不同于帽子。

正如我们已经讨论过的，认为物理对象只是描述适应性收益的临时数据结构，这与视觉科学现行的标准观念很不一样，标准观念认为物理对象是客观实在的要素，视觉的目标是估计它们的真实形状和其他物理属性。它也不同于我们通过与物理对象的互动，无须推理就可以直接了解它们的真实属性的主张。

这个差异是本质性的。界面理论认为，空间和时间并不是客观实在的基本方面，只是适应性信息的一种数据格式，一种用来对信息进行压缩和纠错的格式。时空中的物体并不是客观实在的本质呈现，仅仅是关于适应性的信息，以一种符合智人需要的特定图标形式编码。尤其是，我们的身体也不是客观实在的一部分，我们的行为不能让我们直接接触到时空中预先存在的物体。我们的身体是关于适应性的信息，它们以我们物种特有的形式被编码成图标。当你意识到自己坐在空间里，忍受着时间的流逝，你实际上是把自己看作自己数据结构中的一个图标。

我们的感官已进化到用体验的语言编码适应度收益。这种语言包括我们的情感体验。从愤怒、恐惧、不信任和憎恨到爱、喜悦、平静和幸福，我们的情感构成了丰富的词汇表。特定的颜色可能触发特定的情绪，色彩心理学研究的就是这种可能性。[7] 初步的研究发现了如下关联：

红	色欲、权力、饥饿或兴奋；
黄	嫉妒或幸福；
橙	舒适、温暖或有趣；
绿	嫉妒、和谐或好味道；
蓝	能力、品质或男子气概；
粉	真诚、典雅或女性化；
紫	权力或权威；
棕	粗糙；
黑	悲伤、恐惧、典雅或高贵；
白	纯洁、真诚或幸福。

这个列表只是大概。例如，有许多深浅不同的红色，每种都有独特的色调、饱和度和亮度。消防车的红色和勃艮第红毫无相似之处；颜色诱发的情感肯定取决于具体的色调。

诱发的情绪也受视觉背景影响。图22（彩图F）中约瑟夫帽子左侧的棕色带有"脏沙发"的色调和饱和度——数千名澳大利亚人投票选出绿棕色是世界上最丑的颜色。帽子前面同样的颜色看起来是黄色的，这并不是世界上最丑的颜色。两块颜色中的像素具有相同的色值。但是这个色值在两种不同的视觉背景中诱发了不同的情绪反应。

诱发的情绪也可能因文化而异：西班牙斗牛标志性的红色可能引发西班牙人面对刺激性危险的情绪或民族自豪感，而大多数美国人则不会。情绪还可能取决于特殊的个人经历：香蕉蜘蛛的黄色阴影可能会引发某些蜘蛛恐惧症患者的特应性恐惧。

颜色的细微差别可导致情感的细微差别，从而影响我们追求适应性的行为。即使是没有情感的植物，也会利用颜色的细微差别引导各种适应性行为。一些植物的生长顶端有名为光敏素的光感受器，光敏素可以探测蓝光，引导它们朝开阔的天空生长。[8] 它们捕捉光线就像我们捕捉猎物，跟踪蓝色光子以争夺阳光。

一些植物的叶片有对红光敏感的光感受器。当它们捕捉到红光时，植物"知道"已经是早晨了，当它们随后遇到更深的红光时，植物知道已经是黄昏了。通过这种方式植物可以知道夜晚的长度，从而判别季节。这能引导它的行为，比如开花。当然，它的"知识"是有限的，而且很容易被愚弄。花匠会在晚上用红灯照射，诱使花卉在母亲节开花，用红光照一片叶子就足以达到目的。[9]

大多数植物都用一种蓝光感受器调控昼夜节律，比如每天开启和关闭叶孔。这种感受器名为隐花素，与调控动物（包括人类）昼夜节律的感受器是一样的。它不同于引导植物朝光线生长的光敏素。植物也会产生"时差反应"。如果人为地改变它们接收蓝光的时间，它们需要几天时间来调整节奏，让叶片再次随着光线同步开合。[10]

有些植物有丰富的感光能力。前言中曾提到的拟南芥，一种看起来像野芥末的小杂草，有11种光感受器，是人类的两倍多。[11]

但是，低等的蓝藻还要更甚，蓝藻在地球上生活了至少20亿年（可能长达35亿年），并在大气中制造氧气，为动物的进化创造了条件。一些蓝藻利用整个身体作为透镜来聚焦光线。有一种微毛蓝藻有27种不同的光感受器，它利用这些感受器，以一种我们还不太了解的方式巧妙采集各种颜色的光。[12]

色彩感知有很深的进化根源。辨别颜色是数百万物种用来解码关于适应性的关键信息的有力工具。毫无疑问，颜色深深扎根在我们的情感中。然而，我们对颜色和情感的关联的理解还很粗浅，前面列出的颜色和情感之间的关联还须通过实验验证。

例如，斯蒂芬·帕尔默和凯伦·施洛斯的一项实验表明，人们更喜欢与他们喜欢的事物相关的颜色，比如淡水的蓝色；他们不喜欢与讨厌的事物相关的颜色，比如粪便的棕色。[13]颜色与事物的关联是通过亿万年的进化、数百年的文化，以及数十年的个人经历塑造的。帕尔默和施洛斯发现，人们对颜色的偏好取决于他们联想到的物品，取决于颜色与这些物品颜色的接近程度，以及对每种物品的情感反应。这个发现是一个有希望的开始。

然而，也仅仅只是开始。人类的眼睛可以分辨上千万种颜色。仅就简单的均匀色块而言，就像帕尔默和施洛斯的实验一样，在色彩和情感之间也还有很多关联有待探索。均匀色块在自然界中很罕见。更常见的是颜色和纹理的组合，被称为"色纹"，它具有更丰富的结构，可以编码更多关于适应性的信息，并能触发更精确的反应。[14]

例如，在图23中（彩图G），4种绿色纹有相似的平均色值，但是它们纹理的差异会触发不同的反应。绿色的花椰菜看起来很美味（如果你喜欢花椰菜的话），绿色的草莓看起来不能吃，绿色的肉看起来很恶心。绿色的方块不具备明确的情感诱导作用，因为它的纹理没有特色。同样，下面的红色纹也有相似的红色，但是纹路不一样，所以会引起不同的情绪反应。

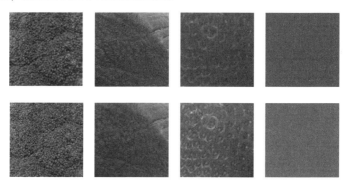

图23：8种色纹。在触发特定情绪方面，色纹比单一的色块更多样。©唐纳德·霍夫曼

虽然我们可以分辨上千万种颜色，但这个惊人的数字与我们在色纹方面的能力相比还是相形见绌。一个只有25个像素的方形图像能表现的色纹比可见宇宙的粒子总数还多，从而让色纹成为传递适应性信息的丰富渠道。[15]上面描绘的色纹已经体现了这一点，这些色纹极具说服力地影响了我们的情感，均匀色块不可能作到这样的

精确性。色纹的说服力包括对形状的细致描绘，例如花椰菜的无数突起和草莓的优雅光滑。这些描绘都是精心构建的行为诱导：抓、挤、摇、捏、刷、推、嚼、咬、摸、亲吻和爱抚。色彩提供的信息还包括顺应行为诱导后，手指和嘴唇得到的反馈：粗糙、毛扎、光滑、隆起、刮擦、柔软、回弹、毛茸茸、光透、坚硬、冰冷、参差不齐、点凸、松软、潮湿、麻木、带刺、痘痕、毛糙、光滑、柔滑、僵硬、油腻、绒滑、毛呢、木质感、柔顺。

色纹并不呈现客观实在——没有人看时仍然存在的物体材质和表面。色纹只是在我们采集适应度时指导我们该如何行动，并提醒我们将会发生什么。它们是无价的创新，是我们的界面对适应度收益的简洁呈现。它们隐藏真相，让我们活着。

对于许多公司来说，色彩是品牌的核心。从麦当劳的金拱门和塔吉特的红色牛眼，到推特的蓝鸟和星巴克的绿色海妖，我们都可以看到这一点。公司花钱甄选、营销和保护自己的颜色。移动电话运营商T-mobile花费了相当多的时间和金钱来创建特定的洋红品牌。美国电话电报公司成立了一家子公司Aio无线，与T-Mobile展开竞争，在其门店和营销中推出了类似T-Mobile洋红色的李子红。当T-Mobile起诉Aio侵权时，Aio聘请的专家作证，李子红和洋红的差别，大约是人类能区分的并排放置颜色的阈值的20倍。他们认为，这种差异足以避免侵权。

T-Mobile聘请了我担任专家，我回应说，购物者很少看到两种颜色并排陈列，而是必须从记忆中进行区分。我们区分记忆的能力很差，而李子红和洋红的区别正好是我们能力的极限。法院认同了这一点，并于2014年2月发布了针对Aio的禁令。联邦法官李·罗森塔尔写道："鉴于Aio使用的李子红色和T-Mobile使用的洋红色之间令人困惑的相似性，T-Mobile证实了一种可能性，即潜在客户可能会误认为Aio与T-Mobile有关联或附属关系。"T-mobile发表声明说，该裁决"肯定了T-Mobile的立场，即移动用户将T-Mobile与洋红色视为一体，并且T-Mobile使用的洋红色受商标法保护。"

这个案例表明，色彩可以被视为宝贵的知识产权。但是色纹可能更有价值。色纹提供的信息比色彩更多，可以针对特定的情绪设计，或者与特定的产品和环境一致。

例如，色彩心理学家有时声称，红色能促进食欲。但真是这样吗？

例如，图24中的4种红色（彩图H）。前两个可能会刺激食欲，后两个则可能引发厌恶。不同之处在于色纹。

图24：4种红色纹。红色只有在纹理合适的情况下才能诱发饥饿感。©唐纳德·霍夫曼

井村智子和她的同事们已经证明，黑猩猩利用色纹来确定水果和蔬菜的新鲜度和可食用性，比如卷心菜、菠菜和草莓。[16]通过篡改色纹可以操纵黑猩猩和人类的情绪反应。

我们的感知是一个用户界面，进化出来以引导我们的行为，并让我们活足够长的时间以繁衍后代。一旦理解了这一点，让自己从认为我们能感知实在本身的观念束缚中解放出来，我们就可以对我们的界面进行逆向工程，理解它是如何编码有关适应性的信息并指导我们的行为，然后应用这些知识来解决实际问题，例如创造能唤起特定情绪的色纹。

摆脱观念束缚是一个不小的挑战。联觉是一种感官的融合，对其进行思考有助于解决这个问题。我们之所以确信我们看到的是实在，而不仅仅是界面，其中一个原因是我们确信其他人看待事物的方式和我们差不多。假设我对你说，"桌上的西红柿看起来熟透了，可以吃了"，你对此表示认同。我自然会认为你的感知和我的是一样的，和客观实在也是一样的。不然我们为什么会相互认同呢？当然是因为我们准确感知到了同样的实在。

但是即使我们在谈话中达成一致，我们在观念上也可能存在巨大分歧。4%的人具有联觉，他们生活在与其他人很不一样的感知世界中。[17]

联觉有很多种。其中有一种是，一门语言的每个音节都会触发独特的色彩体验。在《说吧，回忆》一书中，弗拉基米尔·纳博科夫描述了他自己的"有色听觉的精美案例"："长长的英文字母 a ……对我来说有风化木的色泽，但法语的 a 则让我联想到光亮的乌木……我认为 q 比 k 更褐色，而 l 则不像 c 的淡蓝色，而是天蓝与珍珠母的奇妙混合色。"[18]

我们大多数人只能听到语言的声音，纳博科夫却认为每个声音都有一种特定的颜色，甚至具有特定的色纹，正如他对"光亮的乌木"和"天蓝与珍珠母的奇妙混合色"的描述所暗示的那样。

颜色和色纹出现在各种联觉中。它们可以由音乐、印刷字母、印刷数字、星期几、月份、情感、痛苦、气味、品味，甚至个性引发。在"字形–颜色"联觉中，字母或数字的每个符号都被视为具有一种颜色。例如，A可能看起来是红色的，B可能看起来是绿色的，整个字母表都有颜色。

在味觉–触觉联觉中，每种味觉在三维空间中都有相应的形状，可以用手感觉到。有这种联觉的迈克尔·沃森向神经学家理查德·塞托维奇描述了他对绿薄荷的体验："我感觉到一个圆形……它非常凉爽，这样的温度必定是某种玻璃或石头材料。它非常光滑，非常美妙……我对这种感觉的唯一解释就是它就像一个高大光滑的玻璃柱子。"[19]

沃森对其他味道的体验也很具体。例如，安格斯特拉苦酒："这绝对是某种生物的形状。它有着蘑菇般的弹性……感觉就像绿萝的油性叶片。我想整个东西就像挂满绿萝的乱糟糟的篮子。"[20]

请注意沃森所揭示的。他感知到的复杂物体——光滑的玻璃柱、一篮绿萝——并不是对独立于思维的物体的真实感知，而只是用来表示味觉特征的有用的数据结构。薄荷和玻璃没有任何相似之处，苦酒和绿萝也完全不同。这佐证了ITP的主张，即你对物理对象的感知不是对预先存在的对象的真实描绘。这是一种数据结构，你可以根据需要创建这种数据结构，以便将关于适应度收益的关键信息压缩成可操作的格式；一旦达到了目的，你就可以删除数据结构以释放内存，然后你又可以继续创建新的对象。思考沃森的联觉可以让我们从先验存在的对象的观念束缚中解放出来，从我们对物体的体验是客观实在中真实物体的低分辨率呈现的信念中解放出来。

在塞托维奇和伊格曼的另一个研究对象德尼·西蒙的联觉中，音乐能触发彩色的形状："当我听音乐时，我看到……移动的彩色线条，通常是金属，有高度和宽度，最重要的是，有深度。"她解释说，"这些形状与听觉没有区别——它们是听觉的一部分……每个音符就像一个小小的金球落下。"[21]

艺术家卡罗尔·斯蒂恩拥有几种形式的联觉。气味能触发颜色。图形、文字、声音、触摸和疼痛能触发色彩、形状，甚至运动和位置的狂想曲。她的联觉产生了创造性的视觉洪流，她从中汲取绘画和雕塑的灵感："这些色彩鲜艳的动态视觉，或者说幻觉……是直接而生动的。"[22]斯蒂恩描绘了联觉体验的丰富性："形状是如此精致，如此简洁，如此纯净，如此美丽……不一会儿，我就能看到值得花一年时间的雕塑。"

这些联觉的形状和颜色可以极为详细。1996年，斯蒂恩雕刻了《细胞》，一个用大约20厘米高的铜片制成的模型，描绘了她对词根"Cyto"的联觉体验中复杂的形状和色彩。她的体验不是模糊的记忆或概念联想，而是详细具体的感知。但是，即使是精确还原的雕塑，也无法呈现她的联觉经验在时间上的动态演变，她将其描述为形状的舞蹈。

正如这些例子表明的，在许多情形中，联觉体验并不是朦胧的想象或模糊的概念化——它是真实的感知，就像用锤子敲击你的拇指一样直接而印象深刻。斯蒂恩告诉我们的是和沃森同样的重要信息：《细胞》说明斯蒂恩看到的精确的三维对象，不是对先验存在的物体的真实感知，而仅仅是一个有用的数据结构，在这个例子中表现为特定的形状。

联觉体验是前后一致的。例如，字形–颜色联觉者，对每一个字母或数字，在相隔数周甚至数年的实验中都会报告相同的颜色。一致性被用作"真实性测试"，以区分真正的联觉者和那些只是通过自由联想发明感官关联的人。一些字形–颜色联觉者报告说在单个字形的不同部分能看到不同的颜色，而另一些则报告说，随着字形相似度的降低，色彩的饱和度会降低，这进一步表明了它源自感知而不是观念。

正如弗朗西斯·高尔顿在19世纪首次指出的那样，联觉具有家族性，但具体的关联没有家族性。例如，父母可能认为字母A是红色的，而他们的孩子可能认为它是蓝色的。此外，具体的感官也可能不同。父母可能是味觉触发色觉，孩子却可能是字形触发色觉。这表明，联觉的关联，虽然有时涉及字母和数字这类文化创造物，但不是直接通过家庭传授，而是受基因遗传影响。

这一结论得到了基因谱系研究的支持，研究表明，联觉受特定染色体的基因影响，包括2q和16，5q、6p和12p也有可能。[23]现在得出确切结论还为时尚早，但一项对19000名受试者的研究表明，有5种具有不同基因起源的联觉群——大卫·伊格曼和他的同事们将这些联觉群分为彩色音乐、彩色序列（如字母、数字、月份和星期几）、触摸或情感触发色彩、空间显示序列，以及味觉等非视觉刺激触发色彩。[24]

这些基因是怎么作到的？一种可能性是，它们增强了大脑不同感觉区域之间的神经关联。例如，认知神经科学家维亚努·拉马钱德兰和爱德华·哈伯德指出，梭状回中一个皮层区域的活动与颜色知觉相关，它紧邻着一个与字形感相关的区域。他们提出，有联觉的人可能拥有更多的神经连接，因此这两个区域之间的互联比没有联觉的人更多。这个猜测得到了认知神经科学家罗姆科·劳和史蒂芬·斯考尔特的弥散张量成像的证实，弥散张量成像利用磁共振和复杂的算法估计活着的人类受试者大脑区域之间的连接。他们还发现，联觉者的额叶和顶叶脑区连接得更紧密。而且没发现有哪个皮层区域的连接更弱。

联觉是异常，但不是一般意义上的病态。事实上，联觉者可以拥有某些认知优势。例如，一些联觉可以增强记忆。心理学家丹尼尔·斯米莱克和同事研究了字形–颜色联觉者，他们比不具联觉者更擅长记忆数组，当字形的印刷颜色与她的联觉颜色相匹配时，她的记忆力会进一步提升。[27]丹尼尔·塔曼特是一位作家，也是演说家和高功能自闭症天才，他对从1到10000的自然数都能感知到独特的颜色、形状和纹理。利用联觉，他能记忆并背诵2万多位圆周率，打破了欧洲纪录。[28]

有联觉者在一些感知任务中击败了无联觉者。迈克尔·巴尼西发现能联觉色彩的联觉者更擅长区分颜色；能联觉触觉的联觉者更擅长区分触摸。[29]朱莉娅·西姆纳和同事研究了具有顺序空间联觉的联觉者——这些联觉者将数字、字母、星期几、月份这样的序列视为在空间特定位置的特定视觉形状——并发现他们更擅长通过思维旋转一个三维物体来观察它是否与另一个物体匹配。[30]

在开始这个简短的联觉之旅之前，我曾经承诺，它最终也许能让我们从相信我们看到了实在的本来面目的束缚中解脱出来。这趟旅途揭示了联觉者拥有能引导适应性行为的特殊感知，并且和我们自己的感知一样生动、复杂和微妙。

我们可以想见，迈克尔·沃森特有的界面比我们的更丰富，适应性更强。我们知道这对沃森的烹饪肯定有帮助。据理查德·塞托维奇说："他从来不按菜谱做菜，而是喜欢做'形状有趣'的菜。糖让食物尝起来'更圆'，柑橘为食物增添了'点'。"[31]沃森的界面和我们的界面一样动态："形状千变万化，就像味道一样……法式烹饪之所以是我的最爱，正是因为它能以花样繁多的方式改变形状。"[32]

我们没有理由认为我们的界面是真实的，而沃森的是错觉。事实上，既不真实，也不是错觉。它们都是对重要决策的适应性引导——我应该把什么放进嘴里？沃森的界面不那么常见，这是进化的偶然，而不是真实感知的必然。正如我们之前讨论过的，数百万年前的一些巧合以愚蠢的眼睛设计削弱了所有脊椎动物——我们的感光器隐藏在遮挡和散射光线的神经元和血管网后面。头足类动物避免了这个不幸，遗传了更好的模式。虽然不幸的巧合让我们背负了用于感知食物质量的低劣界面，但幸运的是，一个突变让沃森得以升级。如果在未来，我们的生存需要高级烹饪，那么自然选择可能会偏好沃森的联觉，将来的人们吃薄荷时可能都会感觉到玻璃柱。[33]

重点在于：我们没有真实或理想的感知。我们遗传的是一个够用的界面，它只有有限的格式——气味、味道、颜色、形状、声音、触觉和情感。我们针对适应性的界面进化得快速、廉价而且新颖，使我们能够繁育后代并传递我们的基因。格式很随意，并不是实在的真实结构。有无数格式——其他感知模式——可以提供同样好的服务，甚至更好。我们无法具体想象它们，就像我们无法想象一种具体的新颜色一样。蝙蝠在空中用声纳捕捉飞蛾是什么感觉？飞蛾在致命时刻干扰声纳又是什么感觉？[34]与瓶子交配的甲虫，与野牛铜雕塑交配的驼鹿，是什么感觉？有12种光感受器——其中6种能感受紫外线——的螳螂虾是什么感觉？对于这些不胜枚举的例子，我们完全不知道。进化的修修补补可以创造出最美妙和最神奇的感知界面，无穷无尽；然而，其中绝大多数对我们来说都无法想象。

进化对智人感知界面的修补并没有终结。让二十五分之一的人有某种联觉的突变就是这个进程的一部分，其中一些突变可能会流行起来；大部分修补都集中在我们对颜色的感知上。进化挑战了我们认为感知必定真实的愚蠢而狭隘的观念。它自由地探索各种形式的感知界面，不时会找到新奇的方式来引导我们对适应性的追寻。

9. 挑剔——在生活中，在商场里，你看到你需要看到的

> "大脑并不是对它所感知的一切都给予同等关注。它更侧重那些影响、改变、渗透它的事物，而不是那些存在于它面前但不影响它的事物。"

——尼古拉斯·马尔布兰奇，《寻找真实》

我们的感官搜寻适应度，而不是真实。它们发布关于适应度收益的消息：如何找到、获得并保持它们。

虽然我们的感官只关注适应度，面临的却是信息的海洋。眼睛有1.3亿个光感受器，每秒要接收数十亿比特信息。[1]幸运的是，大多数信息都是多余的：一般来说，一个光感受器捕捉到的光子数量和它的邻居捕捉到的光子数量差别不大。眼神经回路可以在质量损失很小的情况下将数十亿比特压缩成数百万比特，就像你可以在质量损失很小的情况下压缩照片。然后通过视神经将数百万比特信息送入大脑。这条数据流虽然压缩了千百倍，却并不是平缓的小溪，而是洪流，如果不受控制的话会淹没视觉系统。控制这股洪流是视觉注意力的任务。每秒有数十亿比特进入眼睛，但只有40比特赢得了注意。[2]

前面从数十亿比特压缩到数百万比特几乎没丢失任何信息，就像一本书稿经编辑后删去了多余的单词。但是最后降到40比特则几乎删掉了一切，一本书只剩摘要。这个摘要必须简明扼要，只留下用于搜索适应度的精髓。这听起来可能与你自己对视觉世界的体验不一致，你的视觉世界似乎充满了关于颜色、纹理和形状的无数细节。的确，我们看到的似乎不仅仅是一个标题，我们看到的是文章、社论、广告，所有的东西。

　　但我们的体验骗了我们。让我们看看图25中迪拜的两张照片。它们是一样的，只是有3处不同，请试着找出不同。对于大多数人来说，这需要花很长时间——这种现象被称为"变化盲视"。[3]我们徒劳地寻找，直到偶然发现了一个不同之处，在此之后我们就不由自主地一直看到。在网上有很多变化盲视的例子，这些例子之所以能让你开心，是因为它们揭示了人类视觉的一个重要而普遍的特征。[4]

图25：变化盲视。这两幅图有3处不同。©唐纳德·霍夫曼

这是怎么回事？视觉搜寻适应度，但这个搜寻过程本身也要适应，因为必须高效，必须谨慎分配其有限的资源。无数关于适应性的信息冲击着眼睛，就像一千封邮件淹没了收件箱。视觉系统不会这是怎么回事？视觉搜寻适应度，但这个搜寻过程本身也要适应，因为必须高效，必须谨慎分配其有限的资源。无数关于适应性的信息冲击着眼睛，就像一千封邮件淹没了收件箱。视觉系统不会浪费时间和精力去逐份阅读。它把大部分邮件当作垃圾邮件直接删除，只选择少数精品阅读和采取行动。在你的智能手机上收到不受欢迎的邮件很让人厌烦，将其剔除是件苦差事。但对于视觉来说，赌注是生与死。如果因为无关紧要的小事失去生命，就会丧失留下后代的资格。自然选择无情地将我们的视觉注意力塑造成敏锐的搜寻者。

为了将数十亿比特减少到40比特，视觉垃圾邮件过滤器对删除非常无情。它遵循简单而迷人的规则。对于那些从事市场营销和产品设计的人来说，要想在无处不在的争夺消费者短暂注意力的战斗中取得成功，了解这些规则至关重要。那些掌握了这些规则的人可以赢得竞争，把注意力吸引到产品上。不了解这些规则的人则有可能无意中给对手帮忙。

视觉过滤器的第一个要点是光感受器的布局。数码相机感光元件的像素间距是相等的，而眼睛视网膜的光感受器则是在中心部署得较多，在周边较少。我们大多数人认为自己能看到整个视野中丰富的细节。其实我们错了，图26可以揭示这一点。如果你盯着中心的圆点，你会发现内圈较小的字母和外围较大的字母一样容易辨认。为了同样清晰，外围的字母必须更大，因为那里的光感受器密度更低。

图26：视觉分辨率。如果你盯着中间的圆点看，大的字母和小的一样清晰。© 唐纳德·霍夫曼

这幅图表明，外围的光感受器密度迅速下降。事实上，虽然我们的视野水平覆盖200度，垂直覆盖150度，但我们只能在环绕视线中心两度范围内拥有高分辨率。把手臂尽量往前伸，看到拇指的可视宽度大约是一度。盯着伸出的手臂上的大拇指，你会发现你的细节窗口实际上是多么小：它的面积为你的视野的万分之一。

那为什么大多数人从来没注意到视野的局限性，并错误地认为我们的整个视野都是高分辨率呢？答案就在于眼睛不停的运动。它们边看边跳，边跳边看，大约每秒跳三次——阅读时跳动更多，凝视时跳动较少。盯着看叫注视，跳着看叫扫视。每当你看着什么东西时，你都是通过一个充满细节的小窗口看它。如果你不看向它，只会看到一片模糊。我们很自然地认为，我们一眼就能看到一切，而且非常详细。

　　光感受器的布局是搜寻适应性的启发策略的一部分。低分辨率的宽广视野用来搜寻关于适应性的可能信息。左边的闪烁可能是老虎尾巴的摆动，右边的闪光可能是水。这些可能性按重要性排序——在找水之前最好先确认是否有老虎。然后你的眼睛依次直视每一项，这样每一项都能以高分辨率被看到，再基于充分的细节决定下一步怎么作。那闪烁其实是风吹树叶，不是老虎，所以忘了它，继续前行吧。那闪光的确是水。该去喝一顿了。

　　为什么我们会有变化盲视？我们为什么要努力寻找迪拜两幅照片之间的差异呢？因为我们要搜寻适应性。我们要在视野中寻找可能值得我们仔细研究的关于适应性的信息。大多数信息都不值得我们费力。自然选择的塑造使得我们忽视它们。如果我们忽视它们，我们就不太可能注意到它们是否发生了变化。变化盲视并不是看不到客观实在真实状态的失败，而是选择剔除不太可能改变我们适应度的消息。

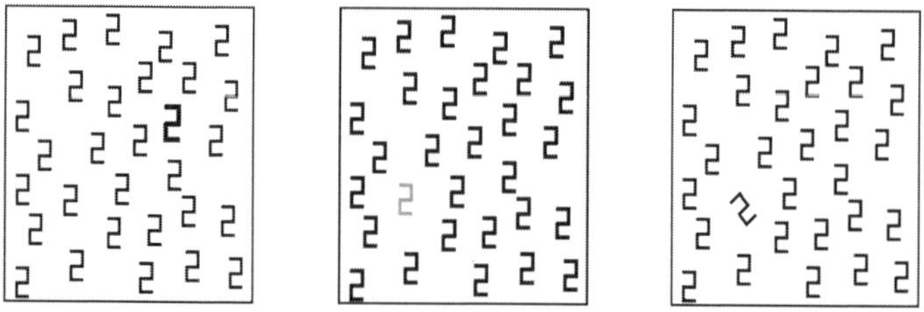

　　图27：突出。我们很容易在左边盒子里看到较大的 2，在中间盒子里看到较淡的 2，在右边盒子里看到倾斜的 2。©唐纳德·霍夫曼

对市场营销和商业感兴趣的读者可以在视觉广告中利用这一点。成功广告的目标不仅仅是，有时甚至不是，呈现重要的事实。它是精心制作的视觉信息，为的是抓牢目标客户搜寻的目光。消费者面对的是混乱的竞争信息。诀窍在于抓住他们的注意力。在最简单的层面上，一条信息可以通过在颜色、大小、对比度或方向上与它的邻居相区别来吸引注意力。[5]例如，图27中能吸引注意力的从左往右依次是较大的2、不同对比度的2和不同方向的2。

在这些例子中，即使周围有很多物品，与众不同的物品也会很快吸引人们的注意力。例如，在图28中（彩图I），当干扰项很少时（左图），"突出"的是绿色的2，当干扰项很多时（右图），也仍然如此。

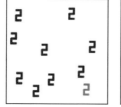 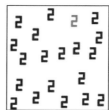 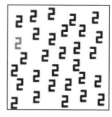

图28：色彩突出。即使被许多黑色的2包围，绿色的2也很容易被看到。©唐纳德·霍夫曼

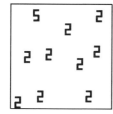 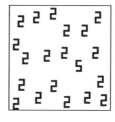 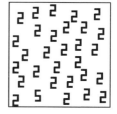

图29：困难的搜索。所有盒子里的5都不突出。人们必须仔细寻找。©唐纳德·霍夫曼

但是有一些差异并不突出。图29中的5就很难找到，周围的东西越多，5就越难找到，如右图所示。

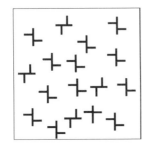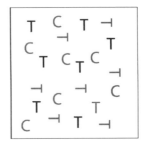

图30：困难的搜索。左边框中的十字架和右边框中的灰色竖T不突出。左图是基于杰里米·沃尔夫和詹妮弗·迪麦斯的原图修改。©唐纳德·霍夫曼

类似地，在图30的左边，很难找到十字架。在右边，很难找到灰色竖T。

一些视觉线索——颜色、大小、闪烁、动作、对比度和方向——可以从视觉混乱中突显出来，吸引注意力。它们被称为"外源性线索"，因为即使我们内心本来不想搜寻它们，它们也会吸引注意力。聪明的摄影师会利用这一点，编辑照片时消除分散注意力的突出主题。没有新娘会高兴在照片中被吸引眼球的杂乱线条或高对比度的小摆设抢了风头。如果照片的边缘对比度高，本身就会很突出。摄影师有时会对照片进行渲染，将边缘部分稍微调暗，以消除注意力的分散，将目光集中在中心主题上。

图31：商店橱窗展示。这种展示方式让顾客很难找到品牌或产品信息。© 唐纳德·霍夫曼

对突出之处进行管理是广告成功的关键。所有广告，无一例外，都决定了观众眼睛的搜索策略。你的广告是不是徒劳？它能不能引导顾客的眼睛去收集你想要传达的事实和情感？[6]如果我们认为视觉是记录客观实在的照相机，我们就误解了当人们看广告时到底发生了什么。我们应当将视觉以及我们所有的感官视为自然选择进化出来寻找关于适应性的重要信息的搜索工具。

图31（彩图J）展示了高档商场中运动服装店入口处的橱窗。它用次要线索刺激眼睛。最糟糕的是左上角和右上角玻璃上的明亮反光，以及各处的较暗反光。它们在亮度和颜色上的对比，把人们的目光引向了死角。当顾客走动时，反光也随之移动，进一步增强了它们无意义的诱导。要改善这个缺陷需要用无反光玻璃。

但即使没有反光，这样的展示还是让四面八方的视觉丛林中充斥着无效的呐喊。一片热带雨林，两幅杰克逊·波洛克的画作，一面不合逻辑的橙色墙壁，僵硬的人体模型光秃秃的脑袋上突兀的反光，空洞的广告语——这些都是毫无意义的干扰。你得仔细观察，才会发现一条关键信息："任何运动都能速干和排汗。"模特身上的T恤本应是焦点，却因为缺乏光照和对比度而黯淡无光。

如果视觉像照相机一样记录每个细节，那么这样的展示可能会成功；数据都在那里。但是视觉不是被动的相机。它是急匆匆搜寻适应度收益的猎人。它可能会看一两眼这个橱窗，毫无收获，在看到速干和排汗的关键信息之前就放弃了，然后转移目光。

相比之下，著名的iPod广告则删除了所有不必要的突出。在iPod广告中，背景是醒目而统一的颜色；前景是全身心投入的舞者的黑色剪影，没有任何特征，除了一个：白色耳塞连着白线，舒缓地掠过黑色剪影，连到握在黑色的手中的白色iPod上。极具情绪感染力。没有任何言语，也无需言语。关于适应度的信息很清楚——iPod等于全身心投入：还有不清楚的吗？

在对值得关注的信息进行视觉搜索时，我们根据共同的主题对信息分组，这样它们更容易被一起关注或丢弃。例如，图32左边的16个点可以根据对比度分为中间的行和右边的列。

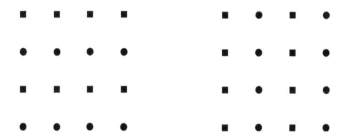

图32：按对比度分组。我们在中间的图中看到水平分组，在右边的图中看到垂直分组。
©唐纳德·霍夫曼

也可以按形状分组，如图33所示。

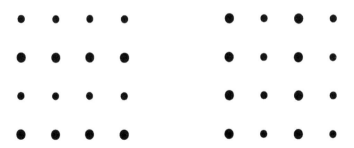

图33：按形状分组。我们在左边看到水平分组，在右边看到垂直分组。©唐纳德·霍
夫曼

或者按大小分组，如图34所示。

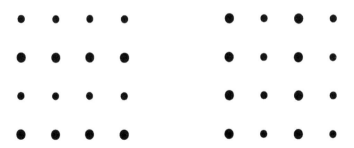

图34：按大小分组。我们在左边看到水平分组，在右边看到垂直分组。©唐纳德·霍
夫曼

可以按颜色分组，如图35所示（彩图K）。

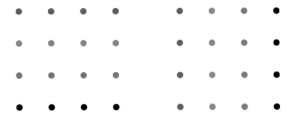

图35：按颜色分组。我们在左边看到水平分组，在右边看到垂直分组。© 唐纳德·霍夫曼

可以按方向分组，如图36所示。

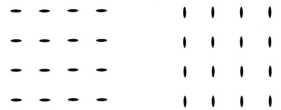

图36：按方向分组。我们在左边看到水平分组，在右边看到垂直分组。© 唐纳德·霍夫曼

可以按邻近程度分组，如图37所示。

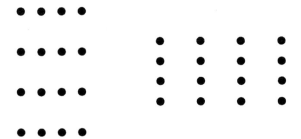

图37：按邻近程度分组。我们在左边看到水平分组，在右边看到垂直分组。© 唐纳德·霍夫曼

这些例子忽略了很多强有力的特性，如闪烁、运动和深度。

相互竞争的特征可以造成相互竞争的分组。图38中，在左边，方向和距离一起创建水平分组。但是在右边，距离优先于方向，并支配垂直分组。

图38：按方向和距离分组。我们在左边看到水平分组，在右边看到垂直分组。©唐纳德·霍夫曼

分组有助于发现异常。在图39（A）中，查找不规范的线段需要花费一些精力。但是重新排列片段以利于分组，如图39（B）所示，异常就会突显出来。这个技巧可以用来促进店铺销售。货架上的商品会让购物者无所适从。但是通过色彩、对比度和其他特征的巧妙组合，货架就可以成为欢乐的狩猎场。

分组是数据压缩的一种形式。例如，图39中的每条线段都有方向，在图39（A）中，视觉系统被迫逐一描述每条线段的方向。但是在图39（B）中，视觉系统可以描述得更紧凑：左边的18条线段是水平的，右边的18条是垂直的，除了一条是斜的。分组使得整组可以共用同一个描述；不需要对组中每一项重复描述。这种压缩有助于我们找到重要的变化；在图39（B）中，斜线突显了出来。

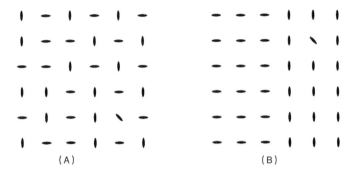

图39：分组和搜索。在右边比在左边更容易找到斜线。©唐纳德·霍夫曼

　　注意力会受外源性线索的影响，但是可以被约束来追踪内源性目标。如果你在搜索柠檬，所有黄色的东西都会显得更加突出，从而加快你的搜索。大脑枕叶皮层V1区的神经活动与显著性有关，并受目标影响。[7] 邻近的神经元也传递视觉世界中邻近点的信号，因此整个V1神经元集合形成了视觉世界的地形图——显著性地图。一个神经元积极响应一个特征，比如某种颜色，并抑制附近对同一颜色作出响应的神经元；这种侧抑制降低了视野中那些更常见特征的显著性，增强了罕见特征的显著性。内源性目标，比如找橙子，会通过增强神经元对目标相关特征的响应来改变显著性地图。例如，如果你在图40中搜寻黑色，那么黑色的X字符将会占据你的注意力。如果你寻找白色，则白色的O字符区域会吸引你的注意，一个白色的X会突显出来。

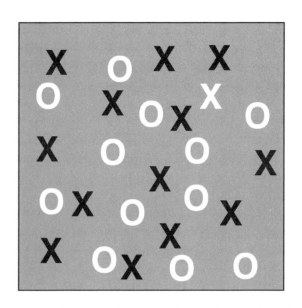

图 40：内源性注意与搜索。注意白色会使白色的 X 突出。©唐纳德·霍夫曼

　　如果你搜索的是藏在草丛中的老虎，你的目标呈现出多种颜色。如果你选择了错误的颜色来增强你的显著性地图，这个错误可能会结束你的生命。所以自然选择的塑造使得我们会聪明地增强颜色。老虎身上的黄色是错误的选择，因为与草丛的颜色接近，增强它们并不能区分老虎和草丛。相反，你聪明地加强了老虎独特的橙黄色，使得老虎条纹区别于草丛在视觉中突出，这样老虎才不会突然扑倒你。[8]

　　然而，仅靠增强目标的正确特征并不能保证它会从场景中突显出来。在你的眼睛盯住你关注的对象——比如捕食者或猎物——之前，你可能需要进行搜索。如果你能快速搜索，就更有可能及时找到猎物，把它作为你的美食，或者及时发现捕食者并躲开它们。基于这个原因，自然选择使你的搜索非常高效。你的眼睛只会看目标特征丰富的区域。它很少反复看。如果你检查了某个地方却没有发现目标，你的视觉系统就会记住这个地方，并且通常不会作让你的目光回到老地方这种愚蠢的事情。这个有用的技巧被称为"返回抑制"。

它很有用，但并非绝对可靠。假设你饿了，正在寻找一个熟了的苹果。你的视觉系统适时增强了你的显著地图中那些显示出熟苹果特征的区域，比如说红色。然后它选择你视野中最显著的位置。它引导你的眼睛去看那个位置，把它放在视觉细节的小窗口中。然后它解码在那里找到的适应度信息。假设生成的消息是红叶。如果你正在寻找火种引火，这可能是有用的信息。但是你饿了，想要一个苹果，所以红叶不适合你的需求。你的视觉系统尽职地触发了它的返回抑制技巧，这样它就不会愚蠢地再去看那片叶子，而是把目光移到下一个感兴趣的地方，第二显著的位置。假设它在那里找到了红岩石。哎。不是苹果。没必要再检查一遍。返回抑制。到目前为止，一切都进展顺利。去看下一个地方。解码新信息。新消息：老虎。哎。不是苹果。没必要再检查一遍。返回抑制……

糟糕！如果你看到的不是你想要的，在大多数情况下，返回抑制都是明智的作法。但在这里，它可能是你最后的错误。老虎不是你想要的信息，但它是你不能忽视的信息。不仅仅是老虎，任何涉及捕食者和猎物的信息都不能忽视。如果狩猎采集者只寻找苹果，而不管蹄子或爪子，那么返回抑制就是错误的作法。

简而言之，如果我看到了动物，无论它是捕食者还是猎物，我都应该停止寻找苹果或任何我正在寻找的东西，监视这个动物。根据这个逻辑，演化心理学家约书亚·纽、勒达·科斯米德斯和约翰·图比在2007年提出，人类进化出了一个"动物监视"系统。它被设计用来探测和监视视野中的任何动物。我们到目前为止所讨论的基于外源性线索和内源性增强的注意过程，完全依赖于底层特征，如颜色、形状和闪烁。与之对比，动物监视系统针对的不是底层特征，而是一类物体——动物。[9]

纽、科斯米德斯和图比通过变化盲视实验验证了他们的猜测。在每次实验中，受试者会看到空白的屏幕，然后在1/4秒的时间里，看到一张复杂的自然场景照片，然后是空白的屏幕，然后又是同一张照片，但是有一个重要变化——某个物体被删除了。这个帧序列一直重复，直到受试者发现变化。为了确保受试者诚实，有1/3的试验是"钓鱼试验"，照片没有变化。

在一些试验中，变化的是人或某种动物。在其他试验中，变化的不是动物：植物、可移动的物体（如订书机或手推车）、固定的物体（如风车或房子），或交通工具（如汽车或货车）。

正如预测的那样，受试者发现动物变化比发现非动物变化的速度更快，平均快一到两秒，这个差异很显著。有人可能会怀疑，是不是速度虽然快但准确度低？快可能意味着马虎。结果并非如此，观察者对动物的变化只有1/10没发现，而对非动物的变化则有1/3没发现。我们能更快、更准确地发现动物，这有很好的进化理由。

在现代城市环境中，交通工具比动物更加常见和危险。尽管如此，与车辆相比，观察者仍然会更快也更准确地发现动物。这是符合预期的，因为早在交通工具出现之前，动物监视就通过进化与我们密切绑定。今天，我们的眼睛仍然利用我们的祖先在更新世时期进化出来的策略搜寻适应性。更新世是以反复冰川作用为特征的地质时期，从250万年前一直延伸到仅仅11700年前。

我们可以利用这个古老的策略来促进现代市场营销。假设你在卖装在橙色瓶子里的肥皂，一位购物者经过，她在寻找竞争对手的蓝色瓶子。她瞥了一眼你的瓶子，确定不是她想要的颜色，对摆着橙色瓶子的货架施加返回抑制，然后就忽略了你的产品。这有助于她的搜索，却有损你的销售。

该怎么办？你怎么才能中断她对蓝色瓶子的搜索，把她无价的注意力集中到你的橙色瓶子上来？你可以触发她的动物监视系统。一种方法是在瓶上印比如说一只猫或鹿。这可能行得通。但是这种作法太张扬了，你的竞争对手也可以在他们的瓶子上印一些动物，抵消你的竞争优势。

更巧妙的作法是不要展示野兽的全身，而是露出某些部位——眼睛、爪子、脸。从触发动物监视系统的原始目的来说，瞥见眼睛就相当于透过那只眼睛窥见了野兽。[10] 自然选择使之如此：如果一个人只有在看到野兽的全貌时才能肯定那是野兽，就有可能错过一顿大餐，或成为一顿大餐。一条说有眼睛的信息等于在说有一只动物，并且需要你的注意。

这种广告策略——使用动物的一部分，而不是全部——的确更不张扬，但还不够隐晦。竞争对手很容易意识到。

进化的逻辑提示了一个更好的策略。确认你看到的是一只眼睛需要时间。如果你花太多的时间进行确认，就可能错过一顿大餐，或者自己成为大餐。因此自然选择偏好走捷径：任何稍微有点像眼睛的东西都值得关注，哪怕只是短暂关注。

你可能还记得，雄性珠宝甲虫对重要的另一半的样子很粗心。它对光亮的瓶子就像对雌性甲虫一样满意。雄性驼鹿会被雌性驼鹿或野牛铜雕塑吸引。银鸥幼鸟会向它的母亲要食物，也会向有红色圆盘的长方形硬纸板要食物。灰雁会满足地坐在自己的蛋上，也会在排球上碰碰运气。雄性刺鱼为了保卫领地，会和另一只雄性刺鱼打架，也会和形状不像鱼的木头打架，如果木头的下面涂成红色的话。动物行为学家们发现了很多此类例子。自然选择通常会塑造感知进行粗略的分类。[11]

这为营销和广告行业的创新打开了充满可能性的新世界，这些可能性在很大程度上还未被开发。购物者的眼睛，就像甲虫和驼鹿的眼睛一样，依靠捷径和技巧来引导注意力。[12]知道眼睛的启发途径就能用精心制作的图标有意识地诱导它。麻烦和机会在于，我们对人类视觉搜索动物的技巧和捷径还知之甚少。什么样的简化图标能诱导购物者，虽然只是一瞬间？脸、手、眼睛，或蝴蝶？我们不知道。几年前，我在一家商店闲逛，突然我的眼睛被一瓶有彩虹光环的洗发水吸引了。毫无疑问，这种外源性光环线索吸引了我的注意力。但是我发现自己一直在凝视着那个环。也许光环对触发动物监视的视觉子系统说了"眼睛"？还有哪些简化的眼睛图标能触发这种监视？不仅仅是眼睛图标，还有人类和其他动物身体各部位的图标？为了回答这些问题，我们必须设计巧妙的实验，对自然选择嵌入人类视觉的启发途径进行逆向探索。

我低估了其中的真正潜力。珠宝甲虫不仅仅像喜欢雌性一样喜欢酒瓶，它还更喜欢啤酒瓶。银鸥幼鸟不仅仅像喜欢妈妈一样喜欢带圆盘的硬纸板；圆盘越大，它还越喜欢。刺鱼不仅仅像与另一只雄鱼搏斗一样和红腹鱼搏斗；而且，当红腹鱼的假肚子更大时，它会无视真正的雄鱼，和无害的大鱼搏斗。男性智人不仅仅像喜欢天然的女性那样喜欢隆胸的女性；而且，如果隆胸能塑造天然女性所不具备的上凸，他会更喜欢隆胸女性。[13] 讽刺漫画中的面孔不仅仅像照片一样能被辨识，它还能被辨识得更快。[14]

这些都是"超常刺激"的例子。[15] 进化会根据生境的要求尽可能廉价地塑造生物的认知，以追踪适应性，而不是真实。超常刺激暗示了适应性的结果编码。在它的生境中，银鸥雏鸟可以通过简单的编码获得成功：更大的红色圆盘意味着更好的获得食物的机会。

这一点对市场营销的影响是显而易见的。一个简单的图标，利用自然选择的视觉编码进入消费者的视觉系统，能以超常的力量锁定注意力。这样的图标可以很隐晦，让竞争对手很难逆向工程，但却很有效。对于品牌图标，情感的导入也是至关重要的。我们的目标不仅仅是抓住注意力，而是抓住正确的注意力。这通常需要图标将一种特定的、积极的感觉与品牌关联，比如，尊贵和富有，强壮和健康。长着獠牙的图标也能吸引注意力，但除非是吸血鬼电影和万圣节服装的广告，否则注意力就是错误的。一个精心制作的图标可以对吸引注意力的视觉特征进行巧妙的夸张，并触发想要的感觉。

　　例如，假设你想设计能抓住注意力的眼睛图标，并让人感觉很有吸引力。在第2章曾说过，女性眼睛如果有大虹膜、扩张的瞳孔、蓝色巩膜、明显的高光和突出的角膜缘环，看起来会更有吸引力。眼睛肯定还有其他尚未被发现的关键吸引力特征。营销团队面临的挑战是设计一个图标，也许是一只非写实的眼睛，或者更抽象的东西，以超常的效果刻画这些特征。目前，由于我们的科学知识的局限性，这个挑战还只能依靠平面设计师的直觉和天赋来完成。但是如果能在进化理论指导下设计实验，破解智人判断眼睛吸引力的视觉编码，就能利用这些知识设计图标，操纵这些编码以达到强有力的效果。

　　这只是这片广阔处女地的一个例子。前面曾说过，1/3的大脑皮层活动与视觉有关。如果包括其他感官，还会有更多的感官编码等待探索和破解。其中一部分，也许是大部分，是既复杂又笨拙的面条式代码，就像我们的眼睛设计一样不明智，将光感受器愚蠢地隐藏在神经元和血管后面。我们的感知是一个特定物种的用户界面，而不是了解实在的窗口，它的底层编码是东拼西凑的海洋，偶尔出现壮丽的岛屿。视觉远不是追求客观真实的理想观察者。它是廉价组装的界面。它告诉我们的关于适应性的信息足以让我们在自己的生境中生存足够长的时间以繁育后代。理解这一点，并用它来指导我们的实验，是感知科学、市场营销和产品设计的一个很有希望的方向。[16]

我们的界面是设计用来搜寻和关注捕食者和猎物的。我们已经看到，嵌在这种设计中的选择逻辑是清晰而有力的，拥有这种设计的人更有可能享用大餐，而不是成为大餐。然而，肉类并不是智人菜单上的唯一选择。我们是杂食动物，而不是只吃肉，我们的祖先很久以前就吃水果和蔬菜。自然选择是否塑造了我们搜寻水果和蔬菜的能力，以及记住这些非动物类别所在地方的能力？

目前，对水果和蔬菜的优先搜寻的证据还很模棱两可。纽、科斯米德斯和图比的实验发现了对动物的快速搜寻，而对植物的搜寻却不成立。不过他们测试的植物是树木、灌木和菠萝。迄今为止，还没有实验研究我们是否专门针对水果和蔬菜进行搜寻。

三色视觉在灵长类动物中的最近进化，使得红色和绿色有了更好的区分，这种进化被选择的部分原因可能就是帮助搜寻成熟的水果与绿叶。这个假设虽然很有趣，但目前还有争议。[17]

然而，约书亚·纽和同事在农贸市场进行的实验中发现，我们很擅长记住食物的位置，而且我们尤其擅长记住高热量食物的位置，即使这种食物不是很受欢迎；此外，女性比男性记得更准。[18]这是说得通的。记忆和感知一样，是为了适应性而进化的。我们的记忆不是对过去的真实记录，正如我们的感知不是对当下的真实呈现一样。记忆和感知不处理客观真实。两者都涉及适应性，这是进化王国唯一的硬通货。毫不奇怪，能提供更多适应度的水果和蔬菜会得到更多的记忆。

这意味着，食物图标可以增强我们对产品的记忆，就像动物图标可以增强我们对产品的注意力一样。当然，我们必须小心翼翼地设计图标，才能成功潜入我们的视觉编码，并伪装成高适应度食品。如果弄错了，图标可能会给产品贴上难吃和没印象的标签。[19]如果弄对了，图标就能变得超常。添加高端食物的色纹，比如蜂窝图案，可能会让记忆更深刻。

让我们回顾一下。我们的眼睛是适应度节拍的记者，搜寻独家新闻，寻找值得解码的适应度消息。消息一旦被解码，通常以标准格式呈现。我们把解码后的信息表示为空间中的物体，它的类别、形状、位置和方向告诉我们该采取怎样的行动来获得我们所需的适应度。我们低成本地进行适应度搜寻工作，只关注小部分最重要的线索。外源性线索可以吸引我们的注意力：深度、闪烁和移动；大小、颜色、亮度或方向的对比。内源性目标可以改变外源性线索的显著性。寻找梨会使其独特的绿色更加突出。我们不断扫描一切动物。我们也会扫描高热量食物。在我们搜寻适应度收益的过程中，这一系列策略也使得搜索过程本身更加适应。

此外我们还有一个技巧：模仿式注意力。它的影响用实际例子最便于展示。一家大型牛仔裤公司委托我评估他们的新平面广告。广告醒目地展示了一个穿牛仔裤并且有着迷人微笑的健壮男士。这是一个好设计，因为它触发了顾客搜寻人和动物的注意力模块，并与品牌的积极属性和健康乐观的心情相关联。广告以明亮的颜色和高对比度突显公司商标，这是以外源性线索吸引注意力的很好方式。但是这则广告却误导了购物者的注意力，因为忽略了模仿式注意力的作用。

解释一下什么是模仿式注意力。我们是社会性动物。当你搜寻适应度时，你会注意其他人搜寻的地方。他们关注的地方，你也会关注。毕竟，吸引他人注意的事物也可能吸引你的注意。也许他们看到了你错过的关于适应度的重要信息：一只尾随的母狮，一份美味的食物，一个有益的朋友，一个不共戴天的敌人。你从他们的身体、面部和眼睛的方向来推断他们的注意力，然后转移你的注意力来模仿他们。

在牛仔裤广告中，模特的身体、脸和眼睛都朝着一个方向——远离商标，朝向空旷的区域。那个模特背弃了自己的广告。他的身体从头到脚都向顾客传达了一个明确的信息：忘掉这个产品吧，左边有更有趣的东西。如果左边正巧有竞争对手的广告，那么模特就会无意中告诉消费者，竞争对手的牛仔裤比他自己的更值得关注。这可不是使用广告费的正确方式。

幸运的是，这个问题很容易解决。我把广告的两边换了一下，这样模特就把注意力集中到了牛仔裤公司希望被注意的地方，他们的商标。这是模仿式注意力的一个例子：我们利用对当前环境的了解来约束我们对适应度的搜索，让我们能以更高的速度和精确度进行搜索。在看一个人时，我们的剧本引导我们关注那个人的脸和身体看起来正在关注的地方。

我们还为注意力准备了其他剧本。在商店里，你不会在天花板或地板上搜索产品，你只关注货架。在浴室里，你知道在哪里可以找到肥皂和剃须刀。如果你在美国开车，在右转之前你会向左看一眼；在英国，你会作相反的事情。如果你从美国飞到英国，租了辆车，祝你好运——我可以保证，你的剧本会把你的注意力引导到随机的地方，给他人带来危险。在一个场景中能提高适应度的注意力剧本可能在另一个场景中损害它。自然选择塑造了我们学习新剧本的能力；随着环境的变化，我们可以改变我们的剧本。

我们观察他人的剧本指引我们跟随他们的目光。但还不仅如此。它还引导我们关注他人的手。他的手在干什么？指向哪里？手里拿着什么？武器？食物？另一个人的手可以在瞬间改变你的适应度状况，更好或更糟。关注手本身就是一种适应策略。在委托我评估的牛仔裤广告中，模特的手对产品的推广毫无帮助，单纯只是空手摆动。如果手里拿着商品，或者对着商标作手势，那么手就可以帮助引导注意力。

对注意力的标准阐释假设客观实在包括时空中的猫、汽车和其他物理对象，注意力引导我们观察并准确感知这些预先存在的对象。这个假设是错的。猫和车在智人的感官界面中是关于适应度的信息。当我从一只猫转向一辆车，我并不是把注意力从一只预先存在的猫转移到一辆预先存在的车。其实，我是解码了一条适应度消息，得到了信息猫，然后我又解码了第二条消息，得到了信息车。在我对适应度无休无止的追寻中，我根据需要创造然后又摧毁猫、汽车以及其他物品。

适应度函数很复杂，取决于生物、它的状态、它的行为和客观世界的状态（无论那个世界是什么）。适应度在某些方面是稳定的。这就是为什么我可以看到我那只名为郁金香的猫，然后看向别处，然后回头又看到它。我看到了同样的郁金香，因为我解码了同样的关于适应度的信息。适应度在某些方面又是不稳定的。如果我走到一边，然后再看郁金香，它看起来有点不同，角度转动了。如果我吃了两个汉堡，第三个汉堡对我的吸引力就不如前两个。我对猫和汉堡包的感知的这些变化反映了这些物体编码的适应度的变化。

我爱我的猫，也喜欢我的车。但我不相信它们在没有被感知的时候存在。的确有东西存在。无论那是什么，它会触发我的感官，让我用猫、汽车和汉堡这样的词汇来获取关于适应度的编码信息——这是我的界面语言。这种方言根本不适合描述客观实在。

我爱太阳，也不想和我的神经元分开。但我不相信在有生物感知到太阳之前太阳就存在，也不相信我的神经元如果没有被感知的话是存在的。恒星和神经元只是我的感知界面的时空桌面上的图标。

如果我们的感官是由自然选择塑造的，我们的感知就不能描绘客观实在的真实属性，就像我的照片编辑软件中的放大镜图标并没有描绘我电脑中的真实放大镜的真实形状和位置一样。当我点击那个图标时，照片会放大。如果我思考为什么它会放大，我可能会得出结论，是图标造成的。我的结论是错的。这个错误是无害的虚构，甚至还有助于我编辑照片。但如果我自己写程序，那么这种虚构就不再是无害的。我需要了解计算机界面隐藏的计算机内部更深层次的因果关系。同样，对于大多数研究和医学应用来说，认为神经元具有因果力，认为神经活动导致了我的思想、行为和其他神经活动，也是无害的，甚至是有用的。但如果我想了解神经活动与意识体验之间的基本关联，那么这种虚构就不再是无害的了。我必须理解更深层次的被我的感官界面的时空格式隐藏的因果关系。

我的直觉不能告诉我真相，不能向我展现太阳自体，因为太阳自体被适应度收益的云雾笼罩。这种云雾决定了我和我的基因的命运。进化坚定地将我的感知引向适应度收益的云雾，而不是太阳自体。太阳自体影响着云雾，因此也影响了我对太阳的感知体验，但是我对太阳的感知体验并不能描述太阳自体。计算机文件影响桌面上的图标，但图标并不描述文件。

我们对时空中物体的感知不是客观实在，不是物自体，也不是对它们的描述。这是否意味着客观实在永远超出了科学的范畴？不一定。

10. 社群——意识自主体的网络

> "沉默是神的语言，其他一切都是拙劣的翻译。"

> ——贾拉鲁丁·鲁米

> 凡是可以言说的，都可以说清楚；凡是不能言说的，应当保持沉默。

> ——维特根斯坦，《逻辑哲学论》

冥想黑洞和平行宇宙带给我们的神秘乐趣，此时此地，在你的椅子上，你就能享受到。没有什么科学的神秘能比日常体验的根源更能引起人们的兴趣或困惑了——苦咖啡的味道、喷嚏的声音、你的身体压在椅子上的感觉。你的大脑是如何实现这种魔术的？是什么魔术让三磅血肉产生了意识心智？由于数据的匮乏，这个问题至今仍是个谜：科学期刊上充斥着这位魔术师表演时被捕获的各种大脑扫描。这位狡猾的魔术师，尽管表演被放在聚光灯下目不转睛地审视，却从未泄露过任何秘密。对于1869年的托马斯·赫胥黎来说，这个魔术和阿拉丁神灯一样神秘莫测。对于今天的我们来说，尽管神经科学取得了许多突破性进展，它毫无疑问仍然深不可测。

为什么我们会束手无策？我们可以归咎于魔术师的基本伎俩：分散注意力。我们被强有力的误导诱惑，只关注这里——大脑（或者大脑和身体与环境的互动）。我们被误导了，以为大脑，或者说大脑的肉身，通过某种方式实现了意识魔术。简而言之，我们被骗了。

在这本书中，我已经大致描述了这一切是如何发生的。进化塑造了我们隐藏真相和引导适应性行为的感知。它赋予我们一个界面，由时空中的物体组成。它让我们能对这个界面中的因果关系进行推理，并且经常获得成功。如果我这样击打主球，使它擦过那边的8号球，那么我就可以把8号球和一大笔现金纳入袋中。如果我同那只灰熊争抢蜂巢里的蜂蜜，我很可能不仅抢不到蜂蜜还会丧命。我们对因果关系的理解可以决定我们在复杂和关键情形下的适应度收益：获得伴侣或被情人抛弃，得到或失去一顿美餐，生或死。我们的确应认真对待它。但它是虚拟的，尽管是能拯救生命的虚拟。理解界面上虚拟的因果关系无法让我们更深入地认识客观实在的内在运作，就像理解电子游戏中虚拟的因果关系——开动机关枪击落直升机；挥舞盾牌挡住击打；转动方向盘驾驶卡车——无法让我们洞察计算机中的晶体管和机器代码的内在运作一样。

物理学家认识到时空和它的物体都注定消亡。[1] 出于原理性的理由，爱因斯坦的时空不能成为物理学的基础。需要新的理论，在这个理论中，时空、物体、它们的属性，以及对它们因果关系的虚拟，都是从更基本的地方萌生出来。

对于大多数科学和技术来说，这种虚拟的因果关系很好用——它帮助我们理解和利用我们的界面。但如果我们试图理解自己的意识体验，这种虚拟就会阻碍我们。即使是最优秀最聪明的人也受制于进化的影响，使得它的诱惑成为我们进步的最大障碍。每种假定意识以某种方式从神经元群中产生的意识理论包括惊人的假说，都内嵌了这种虚拟。这种虚拟也是罗杰·彭罗斯和斯图尔特·哈默罗夫提出的假说的核心，他们认为意识体验产生于神经微管中特定量子态有组织的坍缩。[2] 它也是朱利奥·托诺尼和克里斯托夫·科赫提出的假说的核心，他们认为每个意识体验都等同于神经元某种整合信息的因果结构。[3] 这些假说都没有给出具体意识体验的精确解释。究竟是哪种有组织的坍缩创造了，比如说，姜的味道？究竟哪种整合信息的因果结构是松香味？没有人给出答案，也永远不会有答案：这些假说提出了不可能的任务，因为它们假定时空中的物体在没有被观察时是存在的，并且具有因果效力。这一假设在界面内很有效，但它无法从根本上突破界面：它无法解释意识体验如何可能产生于大脑这样的物理系统。

如果基于时空中的物体的任何理论都不能解释我们的意识体验，那应该以什么为基础呢？什么样的新基础，能让我们将大量来之不易的关于思想、物质及其相互关系的数据，整合成一个严格的理论？我们可以用第7章（图41）出现过的这张图重述这个问题。假设我是能感知、决策和行动的自主体，有意识的自主体。假设我在时空中对物体的体验只是界面，它指导我在客观世界——一个不由时空中的物体组成的世界——中的行动。问题就变成了：那个世界是什么？我们应该把什么放到那个标注为"世界"的盒子里？

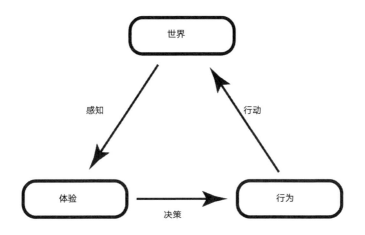

图 41："感知 – 决策 – 行动"（PDA）循环。©唐纳德·霍夫曼

这种形式的问题所作的假设本身可能就是错误的。举个例子，我可能只是错误地相信我拥有意识体验——我体验过薄荷茶和燕麦饼干的味道，我体验过自己喝那种茶，吃那种饼干。也许根本就没有这样的体验，我被迷惑了。问题不在于我对自己意识体验的信念是否绝对正确；心理物理学提供了明确的证据，证明没有人是绝对正确的。问题是，我认为我有任何体验可能根本就是错的。

我不能排除这种可能性。然而，如果我认为我有意识体验本身就是错的，那么，我相信的任何事情似乎也都是错的。我吃喝玩乐，并承认这些快乐，本身只不过是幻觉。

让我们先把这种可能性放到一边。我们姑且承认，我们有意识体验，我们对它们的信念容易犯错和不一致，并且它们的性质和属性是科学研究的合法对象。我们也承认，我们的体验——其中一些是有意识的，许多是无意识的——引导我们的决策和行为；同样，这些想法有待通过科学研究进行提炼和修正。简而言之，让我们承认，我们是能感知、决策和行动的意识自主体。意识自主体的概念是基于被广泛认同的直觉。然而，它必须精确，并经受科学的考验。[4]

那么问题依然存在：客观世界是什么？

也许我们的世界是一个计算机模拟，我们只不过是飘浮在其中的角色——就像电影《黑客帝国》或《异次元骇客》，以及《模拟人生》这样的游戏。也许在另一个世界，有某个极客以创造和控制我们和我们的世界为乐。那个极客和她的世界可能反过来又是更底层世界中极客的数字玩物。这可能会持续多个层次，直到第一层模拟所处的最底层。也许那一层是由某个前卫艺术家构想出来的，或者是某个超出我们想象的先进文明协作的产物，或者是一个科学实验，用来测试物理学的新规则能否萌发迷人的生命形式，其创造力和快乐抵得上它们遭受的痛苦。

这种可能性并没有被一些严肃的思想家否定，比如哲学家尼克·博斯特罗姆和大卫·查尔默斯，以及科技企业家埃隆·马斯克，而且这种可能性还有一些有趣的地方。例如，时空可能像电脑屏幕一样是像素化的；三维空间是一种全息膨胀，就像视频游戏虚拟的世界一样。

意识体验会不会从计算机模拟中涌现出来？一些科学家和哲学

家认为可以，但还没有科学理论可以解释如何作到。有些人认为，每个特定的意识体验（比如我现在正在品尝的咖啡味道）都是一个特定的计算机程序。但还没有找到这样的程序，也没有人知道什么原理可以把程序和体验联系起来。目前这个建议还只是想法，而不是科学理论。

还有人认为，每一种意识体验——比如我每次喝咖啡时的味道——都是一类程序。但是，同样，没有发现这类程序，也没人知道什么原则可以把一类程序与一种体验联系起来。简而言之，我们不知道如何通过模拟产生意识体验。模拟与意识的难题相抵触：如果我们假设世界是模拟的，则意识体验的起源仍然是个谜。

正如我们已看到的，一个经验事实是，特定的意识体验与神经回路中特定的活动模式紧密相关。但是还没有哪个以神经回路为起点的科学理论能解释意识的根源。史蒂文·平克认为，我们可能不得不接受这个事实："这个理论的最后一块——即某种主观感觉对应于某种回路——可能必须被规定为关于实在的一个事实，解释就此止步。"[5]

平克可能是对的：在探索主观体验的根源时，如果以回路为基础，可能解释不通。但是，还有其他更好的提议吗？

当面对这样的问题时，科学家们常常听从14世纪修士奥卡姆的威廉的建议：选择对数据最简单的解释。这个被称为"奥卡姆剃刀"的黄金准则，并不具备像否定后件律一样的逻辑必然。[6] 它有时会把人引入歧途。在亥姆霍兹俱乐部的一次会议上，弗朗西斯·克里克就发现了一个这样的例子，并评论道："很多人用奥卡姆剃刀割破了自己的喉咙。"

然而，奥卡姆剃刀拥有一些杰出的支持者。爱因斯坦就在1934年表示了赞同："几乎不可否认的是，所有理论的最高目标是使用尽可能简单和少的不可简化的基本元素，而不必放弃对任何经验数据的充分解释。"[7]哲学家伯特兰·罗素在1924年也对此表示赞同："只要可能，用基于已知实体的构造替代对未知实体的推断。"[8]

奥卡姆剃刀应用于意识科学，相对于模棱两可的二元论，更倾向一元论，基于单一而非双重实体的理论。据此，大多数意识的科学理论的尝试都内含了物理主义。客观实在的基本组成部分被认为是时空及其无意识的内容——粒子（夸克、电子）和场（引力场、电磁场）。意识必须通过某种方式从这些无意识实体中产生，或由这些无意识实体产生，或与之等同。物理主义者寻求这样一个理论，这个理论要能证明惊人的假说的观点，即意识体验可以由神经元产生，而这些神经元本身就是由无意识的成分构造而成的。

正如前面讨论过的，所有关于意识的物理主义理论的尝试都失败了。对于如何产生意识，他们没有提出任何科学理论，也没有任何看似合理的想法。到目前为止，在每一次尝试中，就在意识从无意识成分中跳出来的那一刻，奇迹发生了，一只隐喻兔子从帽子里跳了出来。我认为，失败是有原因的：你根本就不能从无意识成分中产生意识。

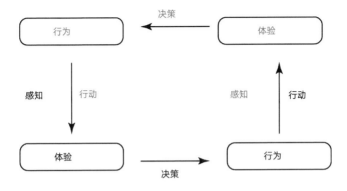

图 42：两个互动的自主体。©唐纳德·霍夫曼

物理主义并不是唯一的一元论。如果我们承认存在意识体验，存在拥有体验并根据体验采取行动的有意识自主体，那么我们就可以尝试构建一个科学的意识理论，假定有意识自主体——而不是时空中的物体——是基本性的，并且世界完全由有意识自主体组成。[9]

例如，假设一个只有两个有意识自主体的玩具宇宙。那么每个自主体的外部"世界"就是另一个自主体。我们最终会得到两个互动的意识自主体。如图42所示，其中一个自主体用深色字体，另一个用浅色字体。一个自主体的行动将影响另一个自主体的感知；因此，单向箭头被标记为行动和感知。

我们可以考虑更复杂的宇宙，由3个、4个甚至无数个自主体组成的网络。网络中一个自主体的感知取决于其他一些自主体的行为。我称之为一元论意识实在论。意识实在论和ITP是独立的假设；你也可以主张我们的感知界面背后的实在并非基本性的意识。

要把意识实在论变成一门科学，我们需要一个关于意识体验、意识自主体、它们的网络和动力学的数学理论。[10] 我们必须展示意识自主体是如何产生时空、物体、物理动力学和演化动力学的。[11] 从中能够推出数学上精确的量子理论、相对论以及这些理论的推广。

"但是，"你可能会说，"我们有理由认为，任何一个把意识解释成枯燥数学的人，已经钻进了牛角尖，失去了对自身意识丰富性的感受。"

并非如此。意识科学不用再与生命意识疏离，正如气象学不用再对雷暴无知，流行病学不用再漠视人类的痛苦，演化博弈的科学不再是蒙昧阶段。相反，正是对鲜活主题的迷恋激发了对严格和深刻洞察的追求。

"但科学正确的本体论是物理主义。以意识为基础的本体论只不过是江湖骗术。拒绝物理主义，拥抱意识实在论，就是拥抱伪科学。"

确实，许多科学家都支持物理主义。考虑到它的价值在科学和技术进步中一次又一次得到证明，人们很难责怪一个科学家对其他本体论持怀疑态度，例如意识实在论。

然而，科学并不预设本体论。本体论是理论，科学则是演进和检验理论的方法，它并没有给哪个理论赋予特殊地位。理论，就像物种一样，必须在竞争中求存。一个在今天被认为拥有支配地位的理论，可能明天就会像许多从前的物种一样，遭受突然灭绝。

基于时空和无意识物体的物理主义已经统治了很长时间，因为现代智人用时空物体的语言感知适应性，这种语言在初期占主导是合理的。但这种物理主义似乎不能适应一些新的科学领域，如量子引力和生物与意识的关系。FBT定理惊人的洞察——看到客观实在的生物并不能胜过同样复杂的看到适应性的生物——与物理主义相冲突，并预示了它的消亡。

"但难道意识实在论就是对的？显然物理主义不会比意识实在论更不合理。难道我们真要相信一个毫无感觉的电子本身是有意识的，或者更离谱，是一个意识自主体吗？"

这个反对意见曲解了意识实在论，意识实在论否认物质客体在未被感知时存在，同样也否认它们在被感知时是有意识的；物质客体是我们的意识体验，但它们本身并不具有意识。这种反对意见的适当对象是泛灵论，它认为一些物质客体也有意识。例如，电子具有位置和旋转等无意识属性，但也可能具有意识；然而，一块石头可能没有意识，即使它由有意识的粒子组成。泛灵论似乎无法避免二元论。[12]有一些杰出的思想家支持泛灵论，这凸显了意识难题的顽固性，以及试图解决它的人的窘境。[13]

意识实在论不是泛灵论。意识实在论的主张可以通过照镜子来更好地理解。在镜子里你会看到熟悉的东西——你的眼睛、头发、皮肤和牙齿。你看不到的是无限丰富而且同样熟悉的——你的意识体验的世界。它包括你的梦想、恐惧、渴望、对音乐和运动的热爱、喜悦和悲伤的感觉、以及嘴唇里温柔的触感和温暖。你在镜子里看到的脸是一个三维图标，但你知道在它的背后是你超越三维的意识体验的生动世界。人们的脸是他们丰富的意识体验世界的小入口。形成微笑的嘴唇曲线和眼睛弯曲，和字母j-o-y一样刻画不出真正的快乐体验。尽管转译很蹩脚，我们还是可以通过看朋友的微笑来分享他们的喜悦——因为我们是局内人，我们知道当一张脸展现出真诚的微笑时意味着什么。同样的局内人优势让我们看到皱眉时感到反感，看到扬眉时感到惊讶，等等，超过20种情绪。[14]

我们通过表情就能传递体验。这是令人印象深刻的数据压缩。像爱情这样的体验包含了多少信息？很难说清。我们这个物种已经通过无数歌曲和诗词来探索爱情，显然还是未能彻底了解：新的一代总感到有必要进一步探索，以新的歌词和曲调继续。然而，尽管爱情的复杂性难以厘清，它却能通过一个眼神传达。这种经济的表达是可能的，因为我的体验世界，和我的感知界面，与你的一样。

当然也存在差异。色盲的视觉体验不同于大多数人拥有的丰富色彩世界。反社会者的情感体验与我们即使最黑暗的时刻可能也不一样。但一样的部分往往是关键性的，让我们能真正（即使只是部分地）触及他人的意识世界，一个本来隐藏在我们界面中他们的身体图标背后的世界。

当我们把目光从人类转向倭黑猩猩或黑猩猩时，我们发现它们的图标远不能告诉我们隐藏在其背后的意识世界。我们与这些灵长类共享99%的DNA，但我们的意识世界似乎远没有这么相似。珍·古道尔凭借才华和毅力，穿透黑猩猩的图标，窥探了黑猩猩的意识世界。[15]

但是，当我们再次转移视线，从黑猩猩到猫，再到老鼠、蚂蚁、细菌、病毒、岩石、分子、原子和夸克，相继出现在我们界面上的每个图标告诉我们图标背后的意识丰富度越来越低——再一次，这里"背后"的意义同文件隐藏在它桌面图标的"背后"一样。对于蚂蚁，我们的图标所揭示的是如此之少，以至于我们怀疑即使是古道尔也无法探索它的意识世界。对于细菌，我们的图标的贫乏让我们怀疑，这里实际上没有这样的意识世界。对于岩石、分子、原子和夸克，我们的怀疑几乎成了肯定。毫不奇怪我们会认为以无意识为基础的物理主义是合理的。

我们被骗了。我们把界面的局限误认为是对实在的洞察。我们的感知和记忆能力是有限的。而我们嵌入在一个无限的意识自主体网络中，其复杂性超过了我们有限的能力。因此，我们的界面不得不忽略这种复杂性，只留下一小部分。就这一点而言，它必须明智地利用自己的能力——这里细节更多，那里更少，其他地方几乎什么都没有。因此，当我们把目光从人类转向蚂蚁再到夸克时，我们的洞察力下降了。我们的洞察力下降不应被误认为是洞察到下降，即洞察到客观实在中固有的逐级贫乏。这里的下降是在我们的界面中，在我们的感知中。但是我们把它外在化了；我们把它钉在实在上。然后，我们从这个错误的实在化中，建立起了物理主义本体论。

意识实在论把这种下降归之于它所属的地方——我们的界面，而不是无意识的客观实在。尽管这些相继的图标，从人类到蚂蚁到夸克，提供了逐级暗淡的意识世界图景，这并不意味着意识本身受控于暗淡的开关。我在镜子里看到的那张脸，作为一个图标，本身并没有意识。但是在这个图标的背后，我亲身感受到有一个意识体验的生动世界。我在河床上看到的石头，作为一个图标，同样是没有意识的，也没有驻留意识。它是一个指向意识体验的生动世界的指针，这个世界的活力丝毫不亚于我自己的，只是被我的图标的局限性掩盖得更为模糊。这个局限性在任何有限生物的感知中都是可以预料的，这些生物面对着一个相对于自身而言无限复杂的实在。

我曾提倡意识理论需要具备精确性。是时候给意识自主体理论增加一些精确性了。我们把意识自主体的数学定义放到附录。但在数学定义的背后是简单的直觉。

前面的图42描绘了两个自主体。每个自主体都有一组可能的体验和一组可能的行为，每个自主体都能感知、决策和行动。每次行动都伴随着体验，可能是想要的，也可能不是。偷狮子的食物：体验到痛苦。摘无花果：体验到乐趣。每次行动都是对未来的体验下赌注。有时你赌一顿美食或伴侣。有时你赌上你的生命。

为了明智地下注，你必须知道选项菜单。例如，在一场赛马中，你的选择可能包括选"海洋饼干"展示、出场，或赢得比赛；或者选头三名，"海洋饼干"第一，"秘书"第二，"大红"第三。

　　意识自主体需要行为菜单，以及可能随之而来的体验菜单。在数学中，这样的菜单被称为可测空间。[16]这是讨论概率所需要的最小结构，比如"海洋饼干"获胜的概率。因此，意识自主体的行为和体验菜单是可测空间。就只要这些。没有别的了。这是让意识自主体理论可以实验检验所需的最小结构。[17]如果我们不能描述体验和行为的可能性，我们就不能从这个理论作出经验性预测，也不能进行科学研究。

　　意识自主体是动态的：它感知、决策和行动。当它感知时，它的体验随之变化；当它决策时，它的行动随之变化；当它采取行动时，其他自主体的体验随之变化。动态是随条件变化的。我看到蓝莓松饼和牛角面包，决定吃牛角面包；然后我发现，在松饼后面，有法式泡芙，我很高兴地投降了。我行动上的变化，从牛角面包到泡芙，随条件变化：取决于我的新体验，我对巧克力美味的诱人期待。每一个新体验都会引发新的行动计划。用数学术语来说，这种随条件变化就是马尔可夫链。[18]意识自主体动力学——感知、决策和行动——的每一个实例都是马尔科夫链。再说一次，就只要这些。

　　简而言之，意识自主体拥有体验和行为的菜单(可测空间)。它感知、决策和行动，这些都随条件变化(马尔可夫链)。它还会考虑它曾有过的体验。这就是意识自主体的全部定义。只有一点很简单的数学。

"但是，"你可能会反对，"这种数学也可以描述无意识的机械自主体。所以这没有描述意识所特有的东西。"

这种反对意见犯了很简单的错误。这就像说数字可以数苹果，所以不能用来数橙子。可测空间可以描述无意识事件，比如抛硬币；但也可以描述意识事件，比如味觉和颜色体验。概率和马尔可夫链可以描述盲目的偶然性和无意识决策，也可以描述自由意志和意识思维。

意识自主体的定义仅仅是数学。数学不是具体的领域。正如天气的数学模型不会也不可能创造出暴风雪和干旱一样，意识自主体的数学模型同样不会也不可能创造出意识。因此，在这个限定条件下，我提出一个大胆的意识自主体论题：意识的每个方面都可以用意识自主体模拟。[19]

意识自主体的定义很精确，这个论题也很大胆——不是因为我知道它是正确的，准确地说，是因为我想发现它在哪里可能是错误的，以及如果可能的话，如何修补这个缺陷。这是科学的标准程序：提出一个明确的理论，画一个大靶子，希望有天赋的同行能通过逻辑和实验发现漏洞，再尝试改进这个理论。

一个理论必须承受反对者的矛和箭，但也需要支持者。以下是意识自主体的一些优点。它们是计算通用的：意识自主体网络可以执行任何认知或感知任务，包括学习、记忆、解决问题和识别物体。[20]几种这样的网络已经被构建出来，提供了传统神经网络的替代选择。[21]意识自主体为认知神经科学理论的构建提供了有希望的新框架。这个框架没有将认知的构建模块限定为生物神经元及其网络。相反，它以意识为基础，目标是展示时空、物质和神经生物学是如何作为特定意识自主体的感知界面的组成部分涌现的。

意识自主体可以组合起来构成新的意识自主体，而这些新的自主体又可以组合起来构成更高级的自主体，无穷无尽。当两个或多个自主体交互时，各自仍为独立自主体，但它们也一起组成新的自主体。交互中的每个自主体越能预测其行为带来的体验，它们的动态就联合得越紧密，它们组成的新自主体就越有凝聚力。高级自主体的决策和行为可以反过来影响组成它的自主体的动态。

意识自主体的决策有它自身层面的贡献，再加上组成它的自主体的决策贡献。自主体在其自身层面上的决策可能对应于丹尼尔·卡尼曼的"系统2"决策，这些决策是显明和费力的，而组成它的自主体的决策可能对应于卡尼曼的"系统1"决策，这些决策看起来更加情绪性、态度性和自动化。[22]

将自主体组合成更复杂的自主体可以无限继续，但是将自主体分解成更简单的自主体则不行。意识自主体的等级结构是有底层的。底层是最基本的自主体——"1比特"自主体——只有两种体验和两种行为。1比特自主体的动力学，以及两个这样的自主体之间的互动，可以被彻底分析。[23]在这个自主体的基础上，有希望与时空的基础，与普朗克尺度的物理学联系起来，并弄清楚自主体是如何引导出时空桌面的。

感知界面理论认为，在我们和客观实在之间隔着一个界面。我们有没有希望穿透这个界面，看到客观实在？意识实在论认为可以：我们已经遇见了实在，它同我们一样。我们是意识自主体，客观实在也是。界面的背后没有永远疏离而且不受我们观察影响的康德主义（Kantian）本体。相反，我们发现的是与我们类似的自主体：意识自主体。它们的多样性使地球上令人炫目的生物多样性相形见绌，也使它们留存在地球沉积物中的无数化石遗迹相形见绌。我们无法实际想象一种新的颜色。我们顶多只能希望想象这些多样自主体拥有的各种体验的一小部分。但是，尽管多种多样，我们却有一个共同点：我们都是自主体，意识自主体。

"但是，"你可能会反对，"你之前不是把'客观实在'定义为即使没有人观察也存在的东西吗？难道意识体验不是只有某个自主体在观察才存在吗？现在你又提出意识实在论，认为客观实在是由意识自主体组成的，不是自相矛盾吗？"

其实，我采用大多数物理主义者接受的客观实在概念，是为了便于论证。而后我又用大多数物理主义者接受的进化论假设，否定了物理主义及其客观实在的概念。在完成这个论证后，我提出了一种新的本体论和新的客观实在概念，在其中意识自主体以及它们的体验和结构处于核心地位。

意识实在论认为，我们的想象力尽管有限，客观实在的科学——关于意识自主体以及它们的互动——却确实是可行的。我们只能实际想象最多三维的空间，但科学理论却会使用更多维度的空间，这样的空间超出了我们的想象。类似地，我们只能实际想象智人的意识体验，但我们可以设计出关于所有意识自主体的科学理论，其中包括我们难以实际想象的体验。

ITP和意识实在论重构了关于大脑和意识体验的关系的经典问题。在第1章，我们讨论了接受裂脑手术的患者。当约瑟夫·伯根切断胼胝体时，他的手术刀将统一的大脑分割成了两个半脑。这是用我们界面的物理主义术语描述他的手术。用意识实在论的话来说，他的手术刀在实在中把一个意识自主体分割成了两个自主体。这两个自主体之间的活跃交互，之前让它们组成了一个更高级的自主体，现在已微不足道。我们曾看到，我们通过自身的界面有时可以粗略洞察隐藏在其后面的意识王国——微笑能让我们洞察到喜悦，面无表情能让人体会到悲伤。在这里，我们的界面用大脑图标提供了对自主体及其组合的粗略洞察——通过胼胝体连接的两个半脑告诉我们两个自主体互动形成一个新的自主体；胼胝体切除后的两个半脑告诉我们之前统一的自主体现在分裂成了两个不同的自主体。

当我们更近距离地观察两个半脑时，我们的界面向我们展示了由数十亿个神经元组成的神经网络——这或许让我们再次粗略洞察到了一个意识自主体互动并组成更高级自主体的王国。当我们更细致地观察每个神经元，然后研究它们的化学，乃至它们的物理时，粗略的洞察逐渐消失殆尽。

神经科学家可能会反对。"认知神经科学揭示了我们的绝大多数心理过程都是无意识的。我们理解和产生语言，作出决定，学习，行走，理解或将眼前的图像转换成视觉世界，其背后的复杂过程都是无意识的。毫无疑问，大量的这种无意识过程与意识实在论认为实在完全由意识自主体组成的主张相矛盾。意识实在论撞上了无意识过程的水下暗礁。"

但这是又一次把我们界面的局限错当作对实在的洞察。当我与朋友交谈时，我认为她是有意识的。我不能直接体验她的意识。我无法进入她的意识，我至多可以推测成为她会是什么体验。但我不能因为我没有意识到她的意识，就认为她一定是无意识的，如果我得出这样的结论，那就错了。类似的，我也不能因为我没有意识到自己的一些心理过程，就得出结论认为这些过程一定是无意识的。我可能没有意识到我自己的许多心理过程，但这些过程本身可能对构成我的其他自主体来说是有意识的。

意识自主体拥有一个体验库。它与许多其他自主体建立了网络，这些自主体拥有各种截然不同的体验。这些奇特的体验绝大多数它都无法体验。这对于构成其自身的自主体层面尤其适用。自主体缺乏资源来体验其组成中所有自主体的所有体验，即使这些自主体对其自身作出了贡献。一个自主体充其量只能运用它的体验库来粗略描述它的组成。就我们自身而言，我们在时空画布上描绘身体、大脑、神经元、化学物质和粒子。然后我们退后一步，欣赏自己的杰作，并得出结论，这里看不到什么意识——这个简单错误助长了物理主义，并将意识问题变成了一个谜。

意识自主体不仅仅是一套体验库。它还决策和行动。但是，根据定义，它的行为有别于它的体验：例如，描绘自主体的图有"体验"盒子和单独的"行为"盒子。这意味着意识自主体可以有意识，却没有自我意识——对自己的决策和行为没有意识。为了意识到自己，自主体必须拿出一部分体验，一部分感知界面，来呈现它自己的一些决策和行为。它的界面必须有一个或多个图标，代表自主体自身的决策和行为。如果它真看到了自己，那么它也是通过自己的界面来看自己，就像透过一面晦暗的玻璃。而且，必定看得不完整。

没有哪个意识自主体能完整描述自己。描述自己给自主体增加了额外的体验，这些新体验会使其决策和行为的复杂性倍增，反过来又需要更多体验来捕捉那些更复杂的决策和行为，如此反复，导致不完整的恶性循环。因此，意识自主体必然至少部分地保持对自身的无意识状态。回想一下，意识实在论所认为的基础并不限于意识体验，而是意识自主体。一个自主体不可能完整地体验自身，无论它的体验库有多丰富。心理治疗师赚钱依靠的就是这种局限可能会带来的哲学困惑和个人焦虑。

然而，有很好的理由来构造自我。如果你能体验自己的行为和它们的后果，你就可以学习。如果这个行为导致了什么糟糕的体验，你就可以学着不作这个行为。你对内部决策和行为的体验越丰富，你与外部世界进行细致互动的余地就越大。要了解其他自主体，你也必须了解你自己。在这个意义上，所有知识都体现了。

意识实在论还需要兑现另一张支票。它必须从基本原理出发，精确描述意识自主体的动力学，并展示这种动力学，当投射到智人的界面时，如何呈现为现代物理学和达尔文进化论。这是对自主体动力学理论的一个强经验约束：它向我们的时空界面的投射必须符合所有支持现代物理学和进化论的数据。此外，它还必须给出可以通过实验验证的新预测。

什么样的自主体原理和动力学可以兑现这张支票？我还不确定。但是，有一条诱人的线索从意识自主体通过自然选择延伸到物理学。物理学中有一条基本定律，可以非正式地表述为，一切终将腐朽。就像诗人威廉·德拉蒙德（1585—1649）的诗篇："月光下的一切都将腐朽，凡人给这个世界带来的一切，在时间长河中都将归于虚无。"这条热力学第二定律更精确的表述是，任何封闭系统的总熵都不会减少。熵增是生命的死敌，是衰败和死亡的传播者。正如演化心理学家约翰·图比、勒达·科斯米德斯和克拉克·巴雷特所阐释的，生命只有一个防御力量："要将生物种群从热力学上推向更高程度的功能有序，甚至抵消无序的不可避免的增加，自然选择是唯一已知能作到这一点的自然过程，别无他途。"[24]

熵是你不知道的信息，也就是你在玩二十问游戏时，为了猜到答案是什么，需要问的是或否问题的数量。但是，信息作为意识体验的交易货币，也是意识自主体可互换的商品。也许意识自主体的动力学类似加密货币的动力学，只是流通货币换成了意识体验；不能重复支出的强制要求，在智人的时空界面上，可能体现为物理学的守恒定律。或者，就像物理学家和发明家费德里科·费金所提出的，意识自主体的核心目标是相互理解。[25]如果是这样，则意识自主体的互动也许会偏好能增加互信息的互动，而这种动力学，当从自主体网络投射到智人界面时，也许会呈现为通过自然选择进化。这些都是有意思的研究方向，也许能将社交网络理论的发现——解释为什么谷歌的点击率比我的高——与演化生物学中适应性功能的涌现联系起来。

意识实在论提出了一种本体论，这种本体论完全不同于主导现代神经科学乃至科学的物理主义。完全不同，但也不是全新的。关于意识实在论和感知界面理论的许多关键思想已经出现在先哲的思想中，从古希腊哲学家如巴门尼德、毕达哥拉斯、柏拉图到更近期的德国哲学家如莱布尼茨、康德和黑格尔，从东方宗教如佛教和印度教到神秘交织的伊斯兰教、犹太教和基督教。英国哲学家和主教乔治·伯克利清晰总结了一些关键思想："至于说什么未被思考的事物的绝对存在与它们被感知没有任何关系，这似乎是完全不可理解的。它们是作为'感知物（PERCIPI）'而存在（ESSE），它们不可能在感知它们的头脑或思维之外有任何存在。"[26]

如果说意识自主体和意识实在论贡献了什么新的东西，那就是将哲学和宗教中的旧思想汇集成一个精确而且可检验的意识理论。这样就能让这些思想在科学方法的监督下得到完善。

科学，就像哲学和宗教一样，是人类的实践活动。它不是绝对可靠的。在基本原理上区分科学和伪科学的每一次尝试可以说都是有争议的。[27]科学给出的不是黄金标准的信念，而是一种筛选信念的有力方法，这种方法的力量来自它与人类本性的互动方式。我们是喜欢争论的物种。实验表明，当我们为我们已相信的想法辩护，或者反驳我们不相信的想法时，我们的推理能力是最好的，这一点可以用进化论解释。[28]我们的推理能力的进化不是为了追求真理。我们进化它是作为社会说服工具。这也导致了我们的推理被缺陷困扰，比如偏向于支持我们已经相信的信息。科学方法充分利用了这一点。每个科学家都支持自己的观点，反对其他科学家的相反观点。针对这种争论，我们的推理是最有力的：每个想法都能获得它的支持者收集的推理和证据的最好支持，也都经受着它的反对者收集的推理和证据的最好攻击。为了不断改进推理，就要求思想必须精确——尽可能在数学上精确——科学的凤凰就这样从人性的弱点上涅槃而生。

科学不是关于实在的理论，而是一种研究的方法。它编排了我们天性中更好的一面，以促进理性、精确、富有成效的对话，并且诉诸证据。它抑制了我们模糊、欺骗、教条和专横的倾向。对任何能抓住人类想象力的问题的探究——包括意义、目的、价值、美和精神——都应该得到这种编排的全部好处。为什么要拒绝让我们获得更好理解的绝佳机会呢？

科学界和宗教界的学者们有时会提出相反的意见。美国科学院在1999年出版的《科学与创世论》中提出，"科学试图记录自然界的事实特征，并发展理论来协调和解释这些事实。另一方面，宗教关注的是人类的目的、意义和价值观这些同样重要但又完全不同的领域——这些主题在科学的事实领域会有所阐明，但无法彻底解决。"

进化生物学家史蒂芬·古尔德也认为，"科学和宗教占据了人类经验的两个不同领域。要求它们结合起来会损害两者的荣耀。"[29]

理查德·道金斯不同意这种观点，他认为"像古尔德等人所声称的那样让宗教远离科学的地盘，将其限制在道德和价值观领域，是完全不现实的。有超自然存在的宇宙与没有超自然存在的宇宙从基础和性质上是完全不一样的。这种不一样必然是科学上的不一样。宗教提出存在的主张，这也是科学的主张。"[30]

我同意道金斯的观点。一个思想体系，无论是不是宗教，如果提出了希望被认真对待的主张，那么我们就应该用我们最好的研究方法——科学方法——来检验它。这就是认真对待。

有些话题——如上帝、善、实在和意识——被认为超越了人类观念的有限范围，从而也超越了科学方法。我与那些认同这一点的人不存在争议，而且自始至终没有谈论这些话题。但是，如果多说一点的话，就是"凡是可以言说的，都可以说清楚"，并且用科学方法进行探讨。科学能够描述我们是谁吗？我认为可以，我们可以用科学方法，演进和完善关于我们是谁的理论。但是，如果科学无法描述我们是谁，那么像英语这类不精确的自然语言更加无法描述我们是谁。我们没有比科学方法更好的解释方法。一个从高处发展而来的解释，如果不能被检验和辩论，就根本不能成为解释。

"但是，"你可能会反对，"意识研究需要第一人称体验。因此它逃避了科学，科学需要从第三人称角度获得客观数据。"

这种说法是错误的。科学不是本体论。它并没有限制在任何先于第一人称体验存在，只能从第三人称角度来研究的时空和物体。科学是一种方法。它可以检验和抛弃本体论。如果我们的感知是由自然选择演化而来的，那么根据FBT定理，我们就应该抛弃物理主义的本体论。我们应该承认，时空和物体是人类使用的感知界面。它们是我们的第一人称体验。对时空中物体的科学研究，即使是由大批科学家利用先进技术进行的，也必然是对第一人称体验的研究。

我看到的月球是我界面上的图标，你看到的月球是你界面上的图标。并没有即使不被感知也存在的必须从第三人称角度来研究的客观月球或时空。只有第一人称观察。但是它们并没有逃避科学。它们是目前仅有的数据科学。科学比较第一人称观察，看它们是否一致。如果一致，我们就会对我们的观察以及它们支持的理论有信心。但是，我们通过实验研究的所有物理对象都只是界面上的图标，而不是界面之外的客观实在元素。自主体之间对物理对象或测量读数的共识并不意味着物理对象或测量读数在无人观察时是存在的。

意识实在论提出了一个大胆的主张：意识，而不是时空及其对象，是基本的实在，可以被恰当描述为意识自主体的网络。[31]意识实在论要想站住脚，就必须进一步作一些严肃研究。它必须为量子引力理论提供基础，解释我们的时空界面及其对象的涌现，解释界面内达尔文进化论的出现，并解释人类心理的进化涌现。

意识实在论提供了一个新的科幻主题：人工智能能创造真正的意识吗？物理主义者认为基本粒子是无意识的，但很多人猜测，如果一个物体——无知觉的粒子系统——的内部动力学具有适当的复杂性，这个物体就可以产生意识。复杂的人工智能可以点燃真正的意识。

意识实在论认为，与此相反，没有任何物理对象是有意识的。如果我看到一块石头，那么那块石头就是我意识体验的一部分，但石头本身是没有意识的。当我看到我的朋友克里斯时，我体验到了我创建的图标，但是这个图标本身是无意识的。我的克里斯图标打开了一个通往意识自主体的丰富世界的小窗口；例如，微笑的图标表示快乐的自主体。当我看到石头时，我也会与意识自主体互动，但我的石头图标没有提供洞察它们的体验的窗口。

因此，意识实在论重构了人工智能的问题：我们能否设计我们的界面，打开进入意识自主体王国的新窗口？一大堆晶体管无法为这个王国提供洞察。但是晶体管可以组装并编程为人工智能，从而打开一个进入那个王国的新窗口吗？我认为可以，人工智能将打开通往意识的新窗口，就像显微镜和望远镜在我们的界面上打开新视野一样。

我还认为，意识实在论可以打破科学和精神之间的藩篱。这种意识形态上的障碍是一种不必要的错觉，被古老的错误观念所强化：认为科学需要一种排斥精神的物理主义本体论，精神逃避科学方法。我可以预见艰难的休战和最终的和解。科学家不会轻易放弃物理主义而采纳意识实在论。宗教信徒会犹豫是否该疏远古代文本，无论它是权威的堡垒还是易出错的灵感源泉，以及是否该接受反传统的争论和科学方法的细致实验。但是最终，双方都会认识到他们并没有失去任何价值，而且作为回报，他们将能更清楚地回答我们最大的问题：我们是谁？我们在哪里？我们活在这个世界上是为了什么？

前面曾提到，意识自主体结合在一起，创造出越来越复杂的自主体。这个过程最终会产生无限自主体，在体验、决策和行为上有无限的潜力。无限意识自主体的思想听起来很像宗教的上帝概念，但有一个关键区别，那就是对无限意识自主体能给出精确的数学描述。我们可以证明有关这种自主体及其与有限自主体(如我们)之间关系的定理。在这个过程中，我们可以孕育所谓的科学神学，在其中发展和提炼数学上精确的上帝理论，并通过科学实验检验。例如，我怀疑无限意识自主体并不是无所不知、无所不能、无所不在，它的无限也不是独有的。科学神学不是在古代宗教的神圣属性中普罗米修斯式的偷猎，而是将我们最好的认知和实验工具应用于我们最关切的问题。科学神学的抽象发现需要转化为外行的实际应用。宗教可以成为一门不断演进的科学，从认知神经科学和演化心理学汲取营养，它在日常生活中的有益应用也在不断进化。

从科学神学中涌现的上帝理论不需要假设一个藐视物理定律的魔术师。这些定律并不描述无意识的实在；它们描述意识自主体的动力学——无论是有限的还是无限的——投射到智人的时空界面上的语言和数据结构。物理定律并不是描述这样一台机器，在这台机器里，边缘化的意识幽灵必须表演超自然把戏来证明它的存在。意识不需要藐视科学定律，这些定律本身就是对意识动力学的投射描述。

假设你和朋友们去一个虚拟现实游戏厅打排球。你戴上耳机，穿上体感衣，发现你的化身穿着泳衣，沐浴在阳光里，站在沙滩上的排球网前，周围是摇曳的棕榈树和鸣叫的海鸥。你发球，然后开始尽情玩耍。过了一会儿，你的一个朋友说他渴了，马上就回来。他脱下了他的耳机和体感衣。他的化身瘫倒在沙滩上，一动不动，毫无反应。但他没事。他只是离开了虚拟现实界面。

当我们死去时，我们是否只是离开了智人的时空界面？我不知道。但是我们有意识实在论的理论，和意识自主体的数学。我们可以作一些科学研究。

意识实在论认为意识是客观实在的基本特性。有人警告我说，这是一个过时的错误，没有抓住哥白尼革命的关键信息：这不是关于我们的。我们过去常常认为一切都是关于我们的，因此地球一定是宇宙中心。哥白尼和伽利略发现它不是，这迫使我们调整我们的天文学，但更重要的是，它迫使我们改变对自己的认识。我们不在舞台中心。我们依附在浩瀚宇宙中一个不起眼的角落里的一块小石头上。我们甚至连小角色都算不上。有人告诉我，这就是意识实在论所犯的错误。通过将意识置于实在的中心，意识实在论试图回到哥白尼之前的时代，在那个时代，我们盲目相信我们和我们的意识是宇宙存在的理由。

这种批评误读了意识实在论。意识实在论并不认为人类意识处于中心地位。它假定无数种意识自主体拥有无限多样的意识体验，其中大多数我们无法具体想象。作为意识自主体，人类没有什么特殊或核心地位。说意识是基本的并不是说人类意识是基本的或与众不同的。

这种批评也误读了哥白尼的革命。是的，我们的认知误导了我们在宇宙中的位置。但它更深刻的信息是：我们的感知会误导我们对宇宙本身本质的认识。我们倾向于错误地认为我们感知的某些局限和特质是对客观实在的真正洞察。伽利略认识到了这一点并指认了一些罪犯。"我认为味道、气味、颜色，等等……都存在于意识中。因此，如果没有生物，所有这些性质都将被抹去和湮灭。"伽利略否认我们对味道、气味和颜色的感知是对客观味道、气味和颜色的真知灼见。他认为，客观实在中没有味道、气味或颜色。这些只是我们感知的特征。

伽利略认识到了这一点，朝着正确的方向迈出了一大步，然后停下了脚步。他仍然认为，我们对空间中物体的感知，以及它们的形状、位置和动量，是对客观实在真实本质的真正洞察。大多数人都同意这一点。

但是自然选择的进化理论不认同这种观点。它认为哥白尼革命的范围比伽利略想象的更广。物体、形状、空间和时间驻留在意识中。如果没有了意识生物，所有这些特性都将湮灭。物理学对此没有异议。事实上，物理学家承认时空注定消亡。它不是生命戏剧演出的基础舞台。

时空是什么？这本书给了你那颗红色药丸。时空是你的虚拟现实，一副你自己制作的眼罩。你看到的东西是你的发明。你只需一瞥就能创造它们，眨眼之间就能摧毁它们。

这副眼罩你已经戴了一辈子。如果摘下来会怎么样？

附录：精确——保留出错的权利

这个简短的附录给出了意识自主体的数学定义。意识自主体可以组成网络执行任何认知任务。如果想了解更多细节，可以参考研究意识自主体性质及其应用的几篇论文。[1]

定义　意识自主体 C 是一个七元组 $C = (X,\ G,\ W,\ P,\ D,\ A,\ T)$，其中 X、G 和 W 是可测空间，$P : W \times X \to X$，$D : X \times G \to G$，$A : G \times W \to W$ 是马尔可夫核，[2] T 是全序集。

意识自主体的空间 X 代表其可能的意识体验，G 代表其可能的行为，W 代表世界。感知链 P 描述了世界的状态如何影响它的感知状态；决策核 D 描述了它的感知状态如何影响它的行为选择；行为核 A 描述了它的行为如何影响世界的状态。计数器 T 随着意识自主体的每一个新决定递增。要求 X、G 和 W 是可测空间是为了允许使用概率和概率预测，这对科学来说是必不可少的。在不丢失概率预测性质的前提下，这一要求可以放宽：对可列并封闭的 σ-代数可以放宽为对有限不相交并封闭的有限可加类。

根据丘奇-图灵论题，任何有效的计算都可以用图灵机来形式化表述，类似地，根据意识自主体论题，意识和自主体的任何方面也可以用意识自主体来形式化表述。[3] 这是一个可以用反例来证否的经验性提议。意识实在论是一种假设，认为世界W是一个由互动的意识自主体组成的网络。

意识自主体可以通过各种方式组合成新的也许更复杂的意识自主体。[4] 例如，由于多个马尔可夫核可以组成新的单个马尔可夫核，一个意识自主体的决策核可以被另一个完整的意识自主体替代；感知核和行为核也是类似的。这是可以作到的，因为感知、决策和行为都被建模为马尔可夫核。因此，虽然意识自主体的基本定义最初可能会在感知、决策和行为之间建立强区分，但事实上允许它们相互混合。

如图42所示两个相互作用的自主体，$C_1 = (X_1, G_1, W, P_1, D_1, A_1, T_1)$ 和 $C_2 = (X_2, G_2, W, P_2, D_2, A_2, T_2)$，可以结合形成一个单一自主体。根据意识实在论，这意味着任何自主体与世界其余部分的相互作用都可以被建模为双自主体的相互作用。我们可以将任意两个自主体的相互作用压缩到$G(2,4)$中——签名为$(1,3)$的时空共形几何代数。$G(2,4)$有标准正交基，其中$\{\gamma_0, \gamma_1, \gamma_2, \gamma_3, e, \bar{e}\}$，其中$\gamma_0^2 = e^2 = 1$，$\gamma_1^2 = \gamma_2^2 = \gamma_3^2 = \bar{e}^2 = -1$；它分级为维数1、6、15、20、15、6和1的子空间。其转子群与李群$SU(2,2)$同构。[5]

对于每个可测空间都具有基数N的两个有限自主体，我们对每个可测空间的元素进行排序，并将每个元素与序号按任意但固定的顺序关联起来。用$t_1 \in \{0, \cdots, N-1\}$表示$T_1$中元素的序号；$t_2$表示

T_2中元素的序号；同样，对于x_1、g_1、x_2和g_2，也以此类推。然后我们就可以利用映射 $\kappa : X_1 \times G_1 \times T_1 \times X_2 \times G_2 \times T_2 \rightarrow G(2,4)$ 将自主体对以及其动力学映射到离散时空中，得到$(x_1, g_1, t_1, x_2, g_2, t_2)$ $\rightarrow t_1\gamma_0 + t_2e + x_1\gamma_1 + g_1\gamma_2 + x_2\gamma_3 + g_2\bar{e}$。其中的几何代数是建立在环上。映射 κ 将T_1映射到γ_0，X_1映射到γ_1，$G1$映射到γ_2，T_2映射到e，X_2映射到γ_3，G_2映射到e，将意识自主体的马尔可夫动力学压缩为时空动力学。因此这是互动的意识自主体的客观实在与这个实在在某个意识自主体比如C_1的时空界面上的表示之间的一个基本桥梁。如果这个界面占据了X_1的一个子集，并且X_1具有基数N，那么它对$G(2,4)$的表示一定位于Z^N上，并且$M<N$；实际上，M必须远远小于N。这种情况必然是自指的，因为γ_0、γ_1和γ_2分别表示T_1、X_1和G_1。

一个简单的网络是一对"1比特"意识自主体，其中$N = 2$。将其压缩成离散时空可能对应普朗克尺度。两个1比特自主体可以组合成一个2比特自主体，其中$N = 4$。一对2比特自主体向时空的压缩比1比特的情况更丰富。两个2比特自主体可以组合成一个4比特自主体，以此类推。推到极限就近似于连续时空表示。在这个过程中，我们将意识自主体网络的无限复杂性压缩成了时空数据格式。意识自主体的网络动力学被压缩为时空中的动力学。例如，意识自主体向小世界网络的动态演化可能在时空中以引力动力学的形式出现。[6]

致谢

这项研究的灵感来自人类知识群岛间的跳跃。幸运的话，你会发现新的露出地面的岩层，以及近海和远处大陆生态系统引人入胜的线索。

来自其他探索者的建议带来了很大帮助。感谢Chris Anderson、Patrick Bender、Jordan Biren、Erie Boorman、Lindsay Bowman、Kees Brouwer、Andrew Burton、August Bradley Cenname、David Chalmers、Deepak Chopra、Annie Day、Dan Dennett、Jochen Ditterich、Zoe Drayson、Mike D'Zmura、Federico Faggin、Chris Fields、Scott Fisher、Pete Foley、Joy Geng、Greg Hickok、Perry Hoberman、David和Loretta Hoffman、Eve Isham、Petr Janata、Greg Kendall、Virginia Kuhn、Steve Luck、Brian Marion、Justin Mark、Andrew McNeely、Lee Miller、Jennifer Moon、Louis Narens、Darren Peshek、Steven Pinker、Zygmunt Pizlo、Chetan Prakash、Robert Prentner、V. S. Ramachandran、Don Saari、Manish Singh和Jörg Wallaschek分享他们的真知灼见。

2015年，这本书的关键思想出现在我与马尼什·辛格和奇坦·普拉卡什合著的论文《感知界面理论》（The interface theory of perception）中，发表在《心理环境学通讯与评论》（*Psychonomic Bulletin & Review*）期刊的特刊上。期刊上同时还刊登了几篇很深刻的评论文章。为此我要感谢 Bart Anderson、Jonathan Cohen、Shimon Edelman、Jacob Feldman、Chris Fields、E. J. Green、Greg Hickok、John Hummel、Scott Jordan、Jan Koenderink、Gary Lupyan、Rainer Mausfeld、Brian McLaughlin、Zygmunt Pizlo 和 Matthew Schlesinger。特别感谢 Greg Hickok，他策划了这期特刊并编辑了我们的文章。

一些朋友、学生和同事还对早期的文稿提出了建议。为此，我要感谢 Rugero Altair、Chris Anderson、Emma Brant、Andrew Burton、Deepak Chopra、Coleman Dobson、Maziar Esfahanian、Federico Faggin、Chris Fields、Pete Foley、Max Jones、Greg Kestin、Jack Loomis、Erin McKeon、Chetan Prakash、Robert Prentner、Rob Reid、Jenessa Reyes、Manish Singh、Tony Sobrado、Matthew Tillis、Janelle Vo、Mike Webster 和 Emily Wong。

特别感谢我的代理，John Brockman 和 Katinka Matson，他们鼓励我作这件事，还要感谢 Max Brockman 与出版商谈判。特别感谢我在诺顿的编辑 Quynh Do，他润色了我的写作，使得关键概念更易于理解。

加州大学欧文分校给我的学术长假，以及 Federico 和 Elvia Faggin 基金会的慷慨捐赠，为我撰写这本书提供了便利。我非常感激。

感谢我挚爱的妻子，Geralyn Souza，她的鼓励、耐心和爱始终支持着我。

注释

前言

[1] Taylor, C. C. W. 1999. "The atomists," 收录在 A. A. Long, ed., *The Cambridge Companion to Early Greek Philosophy*, New York：Cambridge University Press, 181–204, doi：10.1017/CCOL0521441226.009.

[2] 柏拉图,《理想国》, 第七卷。

[3] 时空是物理学术语。我将在强调物理学和信息论的专业问题时使用它。当我强调"空间"和"时间"作为我们感知体验的不同方面时, 我会分开使用它们。

[4] Chamovitz, D. 2012. *What a Plant Knows*, New York：Scientific American / Farrar, Straus and Giroux.

[5] Wiltbank, L. B., & Kehoe, D. M. 2016. "Two cyanobacterial photoreceptors regulate photosynthetic light harvesting by sensing teal, green, yellow and red light," mBio 7 (1)：e02130-15, doi：10.1128/mBio.02130-15.

[6] 在电影《黑客帝国》中, 主角在红色药片和蓝色药片之间的选择改变了他的命运。

1. 迷题——分裂意识的手术刀

[1] Bogen, J. 2006. "Joseph E. Bogen," in L. Squire, ed., *The History of Neuroscience in Autobiography*, Volume 5, Amsterdam：Elsevier, 47–124.

[2] Leibniz, G. W. 1714/2005. *The Monadology*, New York：Dover.

[3] Huxley, T. 1869. *The Elements of Physiology and Hygiene：A Text-book for Educational Institutions* New York：Appleton, 178.

[4] James, W. 1890. *The Principles of Psychology*, New York：Henry Holt, 1：146, 147.

[5] Freud, S. 1949. *An Outline of Psycho-Analysis*, trans. J. Strachey, London：Hogarth Press, 1.

[6] Crick, F. 1994. *The Astonishing Hypothesis*, New York：Scribner's, 3（中译本:《惊人的假说》, 湖南科学技术出版社, 2018）.

[7] Sperry, R.W. 1974. "Lateral specialization of cerebral function in the surgically separated hemispheres," in R. McGuigan & R. Schoonover, eds., *The Psychophysiology of Thinking*, New York：Academic Press, 213.

[8] Ledoux, J. E., Wilson, D. H., and Gazzaniga, M. S. 1977. "A divided mind：Observations on the conscious properties of the separated hemispheres," *Annals of*

Neurology 2: 417—21.

[9] https://www.youtube.com/watch? v=PFJPtVRlI64.

[10] Desimone, R., Schein, S. J., Moran, J., and Ungerleider, L. G. 1985. "Contour, color and shape analysis beyond the striate cortex," *Vision Research* 25: 441-52; Desimone, R., & Schein, S. J. 1987. "Visual properties of neurons in area V4 of the macaque: Sensitivity to stimulus form," *Journal of Neurophysiology* 57: 835-68; Heywood, C. A., Gadotti, A., & Cowey, A. 1992. "Cortical area V4 and its role in the perception of color," *Journal of Neuroscience* 12: 4056-65; Heywood, C. A., Cowey, A., & Newcombe, F. 1994. "On the role of parvocellular (P) and magnocellular (M) pathways in cerebral achromatopsia," *Brain* 117: 245-54; Lueck, C. J., Zeki, S., Friston, K. J., Deiber, M.-P., Cope, P., Cunningham, V. J., Lammertsma, A. A., Kennard, C., & Frackowiak, R. S. J. 1989. "The colour centre in the cerebral cortex of man," *Nature* 340: 386-89; Motter, B. C. 1994. "Neural correlates of attentive selection for color or luminance in extrastriate area V4," Journal of Neuroscience 14: 2178-89; Schein, S. J., Marrocco, R. T., & de Monasterio, F. M. 1982. "Is there a high concentration of color-selective cells in area V4 of monkey visual cortex? " *Journal of Neurophysiology* 47: 193-213; Shapley, R., & Hawken, M. J. 2011. "Color in the cortex: Single- and double-opponent cells," *Vision Research* 51: 701-17; Yoshioka, T., & Dow, B. M. 1996. "Color, orientation and cytochrome oxidase reactivity in areas V1, V2, and V4 of macaque monkey visual cortex," *Behavioural Brain Research* 76: 71-88; Yoshioka, T., Dow, B. M., & Vautin, R. G. 1996. "Neuronal mechanisms of color categorization in areas V1, V2, and V4 of macaque monkey visual cortex," *Behavioural Brain Research* 76: 51-70; Zeki, S. 1973. "Colour coding in rhesus monkey prestriate cortex," *Brain Research* 53: 422-27; Zeki, S. 1980. "The representation of colours in the cerebral cortex," *Nature* 284: 412-18; Zeki, S. 1983. "Colour coding in the cerebral cortex: The reaction of cells in monkey visual cortex to wavelengths and colours," *Neuroscience* 9: 741-65; Zeki, S. 1985. "Colour pathways and hierarchies in the cerebral cortex," in D. Ottoson & S. Zeki, eds., *Central and Peripheral Mechanisms of Colour Vision*, London: Macmillan.

[11] Sacks, O. 1995. *An Anthropologist on Mars*, New York: Vintage Books, 34.

[12] 同上，28; Zeki, S. 1993. *A Vision of the Brain*, Boston: Blackwell Scientific Publications, 279.

[13] Penfield, W., & Boldrey, E. 1937. "Somatic motor and sensory representation in the cerebral cortex of man as studied by electrical stimulation," *Brain* 60 (4): 389-443.

[14] Ramachandran, V. S. 1998. *Phantoms in the Brain*, New York: William Morrow （中译本:《脑中魅影》，湖南科学技术出版社，2018）.

[15] Chalmers, D. 1998. "What is a neural correlate of consciousness? " in T. Metzinger, ed., *Neural correlates of consciousness: Empirical and conceptual questions*, Cambridge, MA: MIT Press, 17-40; Koch, C. 2004. *The Quest for Consciousness: A Neurobiological Approach*, Englewood, CO: Roberts & Company Publishers （中译本:《意识探秘》，

上海科学技术出版社，2012）.

[16] 关于因果关系的更多谜题，参见 Beebee, H., Hitchcock, C., & Menzies, P., eds. 2009. *The Oxford Handbook of Causation*, Oxford, UK: Oxford University Press。

[17] Tagliazucchi, E., Chialvo, D. R., Siniatchkin, M., Amico, E., Brichant, J-F., Bonhomme, V., Noirhomme, Q., Laufs, H., and Laureys, S. 2016. "Large-scale signatures of unconsciousness are consistent with a departure from critical dynamics," *Journal of the Royal Society, Interface* 13: 20151027.

[18] Chalmers, D. 1998. "What is a neural correlate of consciousness?" in T. Metzinger, ed., *Neural correlates of consciousness: Empirical and conceptual questions*, Cambridge, MA: MIT Press, 17-40; Koch, C. 2004. *The Quest for Consciousness: A Neurobiological Approach*, Englewood, CO: Roberts & Company Publishers（中译本：《意识探秘》，上海科学技术出版社，2012）.

[19] Aru, J., Bachmann, T., Singer, W., and Melloni, L. 2012. "Distilling the neural correlates of consciousness," *Neuroscience and Behavioral Reviews* 36: 737-46.

[20] Kindt, M., Soeter, M., and Vervliet, B. 2009. "Beyond extinction: Erasing human fear responses and preventing the return of fear," *Nature Neuroscience* 12（3）: 256-58; Soeter, M., and Kindt, M. 2015. "An abrupt transformation of phobic behavior after a post-retrieval amnesic agent," *Biological Psychiatry* 78: 880-86.

[21] Denny, C. A., et al. 2014. "Hippocampal memory traces are differentially modulated by experience, time, and adult neurogenesis," *Neuron* 83: 189-201; Cazzulino, A. S., Martinez, R., Tomm, N. K., and Denny, C. A. 2016. "Improved specificity of hippocampal memory trace labeling," Hippocampus, doi: 10.1002/hipo.22556.

[22] Blackmore, S. 2010. *Consciousness: An Introduction*, New York: Routledge; Chalmers, D. 1996. The Conscious Mind, Oxford, UK: Oxford University Press（中译本：《有意识的心灵》，中国人民大学出版社，2013）; Revonsuo, A. 2010. *Consciousness: The Science of Subjectivity*, New York: Psychology Press.

[23] 有人可能会反对说托诺尼的综合信息理论确实提出了这样的定律（Oizumi, M., Albantakis, L., & Tononi, G. 2014. "From the phenomenology to the mechanisms of consciousness: Integrated information theory 3.0," *PLOS Computational* Biology 10: e1003588）。但事实并非如此。它没有给出特定的定律来识别特定的意识体验，比如品尝巧克力，以及特定类型的大脑活动。同时，它也没有给出随着特定大脑活动的改变，特定类型的体验必须如何改变的规律。心智的还原功能主义理论也是如此，它认为心理状态（包括意识体验）与计算系统的功能过程是等同的，无论是否为生物。还原功能主义者没有指出哪种具体的意识经验（或哪类意识经验）与特定的功能过程是等同的。还原功能主义还有其他问题，根据置乱定理（Scrambling Theorem），可证明是错误的，Hoffman, D. D. 2006a. "The scrambling theorem: A simple proof of the logical possibility of spectrum inversion," *Consciousness and Cognition* 15: 31-45; Hoffman, D. D. 2006b. "The Scrambling Theorem unscrambled: A response to commentaries," *Consciousness and Cognition* 15: 51-53. 置乱定理还蕴着着意识体验与使用信息实时觉察可用性和引导行为不是等同的。例如切梅罗就认为，"在激进具

身认知科学中，使用信息实时觉察可用性和引导行为就是具有意识体验。一旦我们解释了动物在它们的生境中如何使用信息直接感受和行动，我们也就解释了它们的意识体验"（Chemero, A. 2009. Radical Embodied Cognitive Science, Cambridge, MA: MIT Press）。置乱定理证明这个等同观点是错误的。而且，具身认知的支持者也从没有指出过哪种具体的意识体验（或哪类意识体验）与哪种具体的使用信息实时觉察可用性和引导行为是等同的。也没有哪种说法能从原理上解释这种等同——为什么某种使用信息实时觉察可用性和引导行为就是，比如说，香草味道的意识体验？为什么这种使用信息实时觉察可用性和引导行为不能是，比如说，品尝巧克力或光滑冰棒的感觉？有什么科学原理排除其他的意识体验？从没有人提出过。根据置乱定理，不存在这样的原理。

[24] Chomsky, N. 2016. *What Kind of Creatures Are We?*, New York: Columbia University Press.

[25] Anscombe, G. E. M. 1959. *An Introduction to Wittgenstein's Tractatus*, New York: Harper & Row, 151.

[26] *Lovejoy*, A. O. 1964. *The Great Chain of Being*, Cambridge, MA: Harvard University Press.

[27] Galilei, G. 1623. The Assayer, trans. in Drake, S. 1957. *Discoveries and Opinions of Galileo*, New York: Doubleday, 274.

2. 美丽——基因的诱惑

[1] Gwynne, D. T., and Rentz, D. C. F. 1983. "Beetles on the Bottle: Male Buprestids Make Stubbies for Females," Journal of Australian Entomological Society 22: 79–80; Gwynne, D. T. 2003. "Mating mistakes," in V. H. Resh and R. T. Carde, eds., Encyclopedia of Insects (San Diego: Academic Press)。地球上的所有动物物种大约有 1/4 是甲虫（Bouchard, P., ed. 2014. *The Book of Beetles*, Chicago: University of Chicago Press）。

[2] Wilde, O. 1894. *A Woman of No Importance*, London: Methuen, Third Act.

[3] Langlois, J. H., Roggman, L. A., and Reiser-Danner, L. A. 1990. "Infants' differential social responses to attractive and unattractive faces," *Developmental Psychology* 26: 153–59.

[4] Doyle, A. C. 1891/2011. *The Boscombe Valley Mystery*, Kent, England: Solis Press.

[5] 网上搜索"阿富汗女孩"可以找到古拉的照片。

[6] Peshek, D., Sammak-Nejad, N., Hoffman, D. D., and Foley, P. 2011. "Preliminary evidence that the limbal ring influences facial attractiveness," Evolutionary Psychology 9: 137–46.

[7] 同上。

[8] Peshek, D. 2013. "Evaluations of facial attractiveness and expression," 博士论文，加州大学欧文分校。

[9] Cingel, N. A. van der. 2000. *An Atlas of Orchid Pollination: America, Africa, Asia and Australia*, Rotterdam: Balkema, 207–8.

[10] Gronquist, M., Schroeder, F. C., Ghiradella, H., Hill, D., McCoy, E. M., Meinwald, J., and Eisner, T. 2006. "Shunning the night to elude the hunter: Diurnal fireflies and the 'femmes fatales,'" Chemoecology 16: 39–43; Lloyd, J. E. 1984. "Occurrence of aggressive mimicry in fireflies," *Florida Entomologist* 67: 368–76.

[11] Sammaknejad, N. 2012. "Facial attractiveness: The role of iris size, pupil size, and scleral color," 博士论文，加州大学欧文分校。

[12] Carcio, H. A. 1998. *Management of the Infertile Woman*, Philadelphia: Lippincott Williams & Wilkins; Rosenthal, M. S. 2002. *The Fertility Sourcebook*. 3rd edition, Chicago: Contemporary Books.

[13] Buss, D. M. 2016. *Evolutionary Psychology: The New Science of the Mind*, 5th edition, New York: Routledge, Figure 5.1.

[14] Kenrick, D. T., Keefe, R. C., Gabrielidis, C., and Cornelius, J. S. 1996. "Adolescents' age preferences for dating partners: Support for an evolutionary model of life-history strategies," *Child Development* 67: 1499–1511.

[15] 面部虹膜宽度与眼宽度的比值一边为 0.42，另一边为 0.48。

[16] Sammaknejad, N. 2012. "Facial attractiveness: The role of iris size, pupil size, and scleral color," 博士论文，加州大学欧文分校。

[17] 这个首次提出是在 Trivers, R. L. 1972. "Parental investment and sexual selection," in B. Campbell, ed. *Sexual Selection and the Descent of Man*: 1871–1971, 1st edition, Chicago: Aldine, 136–79。另见 Woodward, K., and Richards, M. H. 2005. "The parental investment model and minimum mate choice criteria in humans," *Behavioral Ecology* 16 (1): 57–61.

[18] Trivers, R. L. 1985. *Social Evolution*, Menlo Park, CA: Benjamin/Cummings; 但是参见 Masonjones, H. D., and Lewis, S. M. 1996. "Courtship behavior in the dwarf seahorse *Hippocampus zosterae*," *Copeai* 3: 634–40.

[19] Jones, I. L., and Hunter, F. M. 1993. "Mutual sexual selection in a monogamous seabird," *Nature* 362: 238–39; Jones, I. L., and Hunter, F. M. 1999. "Experimental evidence for a mutual inter- and intrasexual selection favouring a crested auklet ornament," *Animal Behavior* 57 (3): 521–28; Zubakin, V. A., Volodin, I. A., Klenova, A. V., Zubakina, E. V., Volodina, E. V., and Lapshina, E. N. 2010. "Behavior of crested auklets (Aethia cristatella, Charadriiformes, Alcidae) in the breeding season: Visual and acoustic displays," *Biology Bulletin* 37 (8): 823–35.

[20] Smuts, B. B. 1995. "The evolutionary origins of patriarchy," *Human Nature* 6: 1–32.

[21] Buss, D. M. 1994. "The strategies of human mating," *American Scientist* 82: 238–49; Gil-Burmann, C., Pelaez, F., and Sanchez, S. 2002. "Mate choice differences according to sex and age: An analysis of personal advertisements in Spanish newspapers," *Human Nature* 13: 493–508; Khallad, Y. 2005. "Mate selection in Jordan: Effects of sex, socio-economic status, and culture," *Journal of Social and Personal Relationships*, 22: 155–68; Todosijevic, B., Ljubinkovic, S., and Arancic, A. 2003. "Mate selection criteria: A trait desirability assessment study of sex differences in

Serbia," *Evolutionary Psychology* 1: 116-26;Moore, F. R., Cassidy, C., Smith, M. J. L., and Perrett, D. I. 2006. "The effects of female control of resources on sex-differentiated mate preferences," *Evolution and Human Behavior* 27: 193-205;Lippa, R. A. 2009. "Sex differences in sex drive, sociosexuality, and height across 53 nations: Testing evolutionary and social structural theories," *Archives of Sexual Behavior* 38: 631-51;Schmitt, D. P. 2012. "When the difference is in the details:A critique of Zentner and Mtura Stepping out of the caveman's shadow:Nations' gender gap predicts degree of sex differentiation in mate preferences," *Evolutionary Psychology* 10: 720-26;Schmitt, D. P., Youn, G., Bond, B., Brooks, S., Frye, H., Johnson, S., Klesman, J., Peplinski, C., Sampias, J., Sherrill, M., and Stoka, C. 2009. "When will I feel love? The effects of culture, personality, and gender on the psychological tendency to love," *Journal of Research in Personality* 43: 830-46.

[22] Buss, D. M., and Schmitt, D. P. 1993. "Sexual strategies theory:An evolutionary perspective on human mating," *Psychological Review* 100: 204-32;Brewer, G., and Riley, C. 2009. "Height, relationship satisfaction, jealousy, and mate retention," *Evolutionary Psychology* 7: 477-89;Courtiol, A., Ramond, M., Godelle, B., and Ferdy, J. 2010. "Mate choice and human stature:Homogamy as a unified framework for understanding mate preferences," *Evolution* 64 (8): 2189-2203;Dunn, M. J., Brinton, S., and Clark, L. 2010. "Universal sex differences in online advertisers' age preferences:Comparing data from 14 cultures and 2 religious groups," *Evolution and Human Behavior* 31: 383-93;Ellis, B. J. 1992. "The evolution of sexual attraction: Evaluative mechanisms in women," in J. Barkow, L. Cosmides, and J. Tooby, eds., *The Adapted Mind*, New York:Oxford, 267-288;Cameron, C., Oskamp, S., and Sparks, W. 1978. "Courtship American style:Newspaper advertisements," *Family Coordinator* 26: 27-30.

[23] Rhodes, G., Morley, G., and Simmons, L. W. 2012. "Women can judge sexual unfaithfulness from unfamiliar men's faces," *Biology Letters* 9: 20120908.

[24] Leivers, S., Simmons, L. W., and Rhodes, G. 2015. "Men's sexual faithfulness judgments may contain a kernel of truth," PLoS ONE 10 (8):e0134007, doi: 10.1371/journal.pone.0134007.

[25] Thornhill, R., Gangestad, S. W. 1993. "Human facial beauty:Averageness, symmetry and parasite resistance," *Human Nature* 4: 237-69;Thornhill, R., and Gangestad, S. W. 1999. "Facial attractiveness," *Trends in Cognitive Science* 3: 452-60;Thornhill, R., and Gangestad, S. W. 2008. *The Evolutionary Biology of Human Female Sexuality*, New York:Oxford University Press;Penton-Voak, I. S., Perrett, D. I., Castles, D. L., Kobayashi, T., Burt, D. M., Murray, L. K., and Minamisawa, R. 1999. "Female preference for male faces changes cyclically," *Nature* 399: 741-42.

[26] Muller, M. N., Marlowe, F. W., Bugumba, R., and Ellison, P. T. 2009. "Testosterone and paternal care in East African foragers and pastoralists," *Proceedings of the Royal Society*, B 276: 347-54;Storey, A. E., Walsh, C. J., Quinton, R. L., and Wynne-

Edwards, K. E. 2000. "Hormonal correlates of paternal responsiveness in new and expectant fathers," *Evolution and Human Behavior* 21: 79-95.

[27] DeBruine, L., Jones, B. C., Frederick, D. A., Haselton, M. G., Penton-Voak, I. S., and Perrett, D. I. 2010. "Evidence for menstrual cycle shifts in women's preferences for masculinity: A response to Harris ('Menstrual cycle and facial preferences reconsidered,' " *Evolutionary Psychology* 8: 768-75; Johnston, V. S., Hagel, R., Franklin, M., Fink, B., and Grammer, K. 2001. "Male facial attractiveness: Evidence for a hormone-mediated adaptive design," *Evolution and Human Behavior* 22: 251-67; Jones, B. C., Little, A. C., Boothroyd, L. G., DeBruine, L. M., Feinberg, D. R., Law Smith, M. J., Moore, F. R., and Perrett, D. I. 2005, "Commitment to relationships and preferences for femininity and apparent health in faces are strongest on days of the menstrual cycle when progesterone level is high," *Hormones and Behavior* 48: 283-90; Little, A. C., Jones, B. C., and DeBruine, L. M. 2008. "Preferences for variation in masculinity in real male faces change across the menstrual cycle," *Personality and Individual Differences* 45: 478-82; Vaughn, J. E., Bradley, K. I., Byrd-Craven, J., and Kennison, S. M. 2010. "The effect of mortality salience on women's judgments of male faces," *Evolutionary Psychology* 8: 477-91.

[28] Johnston, L., Arden, K., Macrae, C. N., and Grace, R. C. 2003. "The need for speed: The menstrual cycle and personal construal," *Social Cognition* 21: 89-100; Macrae, C. N., Alnwick, K. A., Milne, A. B., and Schloerscheidt, A. M. 2002. "Person perception across the menstrual cycle: Hormonal influences on social-cognitive functioning," *Psychological Science* 13: 532-36; Roney, J. R., and Simmons, Z. L. 2008. "Women's estradiol predicts preference for facial cues of men's testosterone," Hormones and Behavior 53: 14-19; Rupp, H. A., James, T. W., Ketterson, E. D., Sengelaub, D. R., Janssen, E., and Heiman, J. R. 2009. "Neural activation in women in response to masculinized male faces: Mediation by hormones and psychosexual factors," *Evolution and Human Behavior* 30: 1-10; Welling, L. L., Jones, B. C., DeBruine, L. M., Conway, C. A., Law Smith, M. J., Little, A. C., Feinberg, D. R., Sharp, M. A., and Al-Dujaili, E. A. S. 2007. "Raised salivary testosterone in women is associated with increased attraction to masculine faces," *Hormones and Behavior* 52: 156-61.

[29] Feinberg, D. R., Jones, B. C., Law Smith, M. J., Moore, F. R., DeBruine, L. M., Cornwell, R. E., Hillier, S. G., and Perrett, D. I. 2006. "Menstrual cycle, trait estrogen level, and masculinity preferences in the human voice," *Hormones and Behavior* 49: 215-22; Gangestad, S. W., Simpson, J. A., Cousins, A. J., Garver-Apgar, C. E., and Christensen, P. N. 2004. "Women's preferences for male behavioral displays change across the menstrual cycle," *Psychological Science* 15: 203-7; Gangestad, S. W., Garver-Apgar, C. E., Simpson, J. A., and Couins, A. J. 2007. "Changes in women's mate preferences across the ovulatory cycle," *Journal of Personality and Social Psychology* 92: 151-63; Grammer, K. 1993. "5-a-androst-16en-3a-on: A male pheromone? A brief

report, " *Ethology and Sociobiology* 14: 201-8; Havlicek, J., Roberts, S. C., and Flegr, J. 2005. "Women's preference for dominant male odour: Effects of menstrual cycle and relationship status, " *Biology Letters* 1: 256-59; Hummel, T., Gollisch, R., Wildt, G., and Kobal, G. 1991. "Changes in olfactory perception during the menstrual cycle, " *Experentia* 47: 712-15; Little, A. C., Jones, B. C., and Burriss, R. P. 2007. "Preferences for masculinity in male bodies change across the menstrual cycle, " *Hormones and Behavior* 52: 633-39; Lukaszewski, A. W., and Roney, J. R. 2009. "Estimated hormones predict women's mate preferences for dominant personality traits, " *Personality and Individual Differences* 47: 191-96; Provost, M. P., Troje, N. F., and Quinsey, V. L. 2008. "Short-term mating strategies and attraction to masculinity in point-light walkers, " *Evolution and Human Behavior* 29: 65-69; Puts, D. A. 2005. "Mating context and menstrual phase affect women's preferences for male voice pitch, " *Evolution and Human Behavior* 26: 388-97; Puts, D. A. 2006. "Cyclic variation in women's preferences for masculine traits: Potential hormonal causes, " *Human Nature* 17: 114-27.

[30] Bellis, M. A., and Baker, R. R. 1990. "Do females promote sperm competition? Data for humans, " *Animal Behaviour* 40: 997-99; Gangestad, S. W., Thornhill, R., and Garver, C. E. 2002. "Changes in women's sexual interests and their partners' mate-retention tactics across the menstrual cycle: Evidence for shifting conflicts of interest, " *Proceedings of the Royal Society of London B* 269: 975-82; Gangestad, S. W., Thornhill, R., and Garver-Apgar, C. E. 2005. "Women's sexual interests across the ovulatory cycle depend on primary partner developmental instability, " *Proceedings of the Royal Society of London B* 272: 2023-27; Haselton, M. G., and Gangestad, S. W. 2006. "Conditional expression of women's desires and men's mate guarding across the ovulatory cycle, " *Hormones and Behavior* 49: 509-18; Jones, B. C., Little, A. C., Boothroyd, L. G., DeBruine, L. M., Feinberg, D. R., Law Smith, M. J., Moore, F. R., and Perrett, D. I. 2005. "Commitment to relationships and preferences for femininity and apparent health in faces are strongest on days of the menstrual cycle when progesterone level is high, " *Hormones and Behavior* 48: 283-90; Pillsworth, E., and Haselton, M. 2006. "Male sexual attractiveness predicts differential ovulatory shifts in female extra-pair attraction and male mate retention, " *Evolution and Human Behavior* 27: 247-58; Guéguen, N. 2009a. "The receptivity of women to courtship solicitation across the menstrual cycle: A field experiment, " *Biological Psychology* 80: 321-24; Guéguen, N. 2009b. "Menstrual cycle phases and female receptivity to a courtship solicitation: An evaluation in a nightclub, " *Evolution and Human Behavior* 30: 351-55; Durante, K. M., Griskevicius, V., Hill, S. E., Perilloux, C., and Li, N. P. 2011. "Ovulation, female competition, and product choice: Hormonal influences on consumer behavior, " *Journal of Consumer Research* 37: 921-35; Durante, K. M., Li, N. P., and Haselton, M. G. 2008. "Changes in women's choice of dress across the ovulatory cycle: Naturalistic and laboratory task-based evidence, " *Personality and Social Psychology Bulletin* 34: 1451-60; Haselton, M. G., Mortezaie, M., Pillsworth, E. G., Bleske-Rechek, A., and

Frederick, D. A. 2007. "Ovulatory shifts in human female ornamentation: Near ovulation, women dress to impress," *Hormones and Behavior* 51: 40–45; Hill, S. E., and Durante, K. M. 2009. "Do women feel worse to look their best? Testing the relationship between self-esteem and fertility status across the menstrual cycle," *Personality and Social Psychology Bulletin* 35: 1592–601.

[31] Gangestad, S. W., Thornhill, R., and Garver-Apgar, C. E. 2005. "Women's sexual interests across the ovulatory cycle depend on primary partner developmental instability," *Proceedings of the Royal Society of London B* 272: 2023–27; Haselton, M. G., and Gangestad, S. W. 2006. "Conditional expression of women's desires and men's mate guarding across the ovulatory cycle," *Hormones and Behavior* 49: 509–18; Pillsworth, E., and Haselton, M. 2006. "Male sexual attractiveness predicts differential ovulatory shifts in female extra-pair attraction and male mate retention," *Evolution and Human Behavior* 27: 247–58. MHC genes: Garver-Apgar, C. E., Gangestad, S. W., Thornhill, R., Miller, R. D., and Olp, J. J. 2006. "Major histocompatibility complex alleles, sexual responsivity, and unfaithfulness in romantic couples," *Psychological Science* 17: 830–35.

[32] Bradley, M. M., Miccoli, L., Escrig, M. A., and Lang, P. J. 2008. "The pupil as a measure of emotional arousal and autonomic activation," *Psychophysiology* 45: 602–7; Steinhauer, S. R., Siegle, G. S., Condray, R., and Pless, M. 2004. "Sympathetic and parasympathetic innervation of pupillary dilation during sustained processing," *International Journal of Psychophysiology* 52: 77–86.

[33] Van Gerven, P. W. M., Paas, F., Van Merriënboer, J. J. G., and Schmidt, H. G. 2004. "Memory load and the cognitive pupillary response in aging," *Psychophysiology* 41 (2): 167–74; Morris, S. K., Granholm, E., Sarkin, A. J., and Jeste, D. V. 1997. "Effects of schizophrenia and aging on pupillographic measures of working memory," *Schizophrenia Research* 27: 119–28; Winn, B., Whitaker, D., Elliott, D. B., and Phillips, N. J. 1994. "Factors affecting light-adapted pupil size in normal human subjects," *Investigative Ophthalmology & Visual Science* (March 1994) 35: 1132–37.

[34] Tombs, S., and Silverman, I. 2004. "Pupillometry: A sexual selection approach," *Evolution and Human Behavior* 25: 221–28.

[35] Wiseman, R., and Watt, C. 2010. "Judging a book by its cover: The unconscious influence of pupil size on consumer choice," *Perception* 39: 1417–19.

[36] Laeng, B., and Falkenberg, L. 2007. "Women's pupillary responses to sexually significant others during the hormonal cycle," *Hormones and Behavior* 52: 520–30.

[37] Sammaknejad, N. 2012. "Facial attractiveness: The role of iris size, pupil size, and scleral color." 博士论文，加州大学欧文分校。

[38] Caryl, P. G., Bean, J. E., Smallwood, E. B., Barron, J. C., Tully, L., and Allerhand, M. 2008. "Women's preference for male pupil-size: Effects of conception risk, sociosexuality and relationship status," *Personality and Individual Differences* 46: 503–8.

[39] 同上。

[40] Kobayashi, H., and Kohshima, S. 2001. "Unique morphology of the human eye and its adaptive meaning: Comparative studies on external morphology of the primate eye," *Journal of Human Evolution* 40: 419–35; Hinde, R. A., and Rowell, T. E. 1962. "Communication by posture and facial expression in the rhesus monkey," *Proceedings of the Zoological Society of London* 138: 1–21.

[41] Provine, R. R., Cabrera, M. O., Brocato, N. W., and Krosnowski, K. A. 2011. "When the whites of the eyes are red: A uniquely human cue," *Ethology* 117: 1–5.

[42] Gründl, M., Knoll, S., Eisenmann-Klein, M., and Prantl, L. 2012. "The blue-eyes stereotype: Do eye color, pupil diameter, and scleral color affect attractiveness?" *Aesthetic Plastic Surgery* 36: 234–40; Provine, R. R., Cabrera, M. O., and Nave-Blodgett, J. 2013. "Red, yellow, and super-white sclera: Uniquely human cues for healthiness, attractiveness, and age," *Human Nature* 24: 126–36.

[43] Watson, P. G., and Young, R. D. 2004. "Scleral structure, organization and disease. A review," *Experimental Eye Research* 78: 609–23.

[44] Sammaknejad, N. 2012. "Facial attractiveness: The role of iris size, pupil size, and scleral color." 博士论文, 加州大学欧文分校。

[45] Goto, E. 2006. "The brilliant beauty of the eye: Light reflex from the cornea and tear film," *Cornea* 25 (Suppl 1): S78–81; Goto, E., Dogru, M., Sato, E. A., Matsumoto, Y., Takano, Y., and Tsubota, K. 2011. "The sparkle of the eye: The impact of ocular surface wetness on corneal light reflection," *American Journal of Ophthalmology* 151: 691–96; Korb, D. R., Craig, J. P., Doughty, M., Guillon, J. P., Smith, G., and Tomlinson, A. 2002. *The Tear Film: Structure, Function and Clinical Examination*, Oxford, UK: Butterworth-Heinemann.

[46] 同上。

[47] Breakfield, M. P., Gates, J., Keys, D., Kesbeke, F., Wijngaarden, J. P., Monteiro, A., French, V., and Carroll, S. B. 1996. "Development, plasticity and evolution of butterfly eyespot patterns," *Nature* 384: 236–42; French, V., and Breakfield, P. M. 1992. "The development of eyespot patterns on butterfly wings: Morphogen sources or sinks?" *Development* 116: 103–9; Keys, D. N., Lewis, D. L., Selegue, J. E., Pearson, B. J., Goodrich, L. V., Johnson R. L., Gates, J., Scott, M. P., and Carroll, S. B. 1999. "Recruitment of a hedgehog regulatory circuit in butterfly eyespot evolution," *Science* 283: 532–34; Monteiro, A. 2015. "Origin, development, and evolution of butterfly eyespots," *Annual Review of Entomology* 60: 253–71; Reed, R. D., and Serfas, M. S. 2004. "Butterfly wing pattern evolution is associated with changes in a Notch/Distal-less temporal pattern formation process," *Current Biology* 14: 1159–66.

[48] Costanzo, K., and Monteiro, A. 2007. "The use of chemical and visual cues in female choice in the butterfly *Bicyclus anynana*," *Proceedings of the Royal Society B* 274: 845–51; Robertson, K. A., and Monteiro, A. 2005. "Female *Bicyclus anynana* butterflies choose males on the basis of their dorsal UV-reflective eyespot pupils," *Proceedings of the Royal Society B* 272: 1541–46.

[49] Zahavi, A. 1975. "Mate selection—A selection for a handicap, " *Journal of Theoretical Biology* 53 (1): 205–14; Zahavi, A., and Zahavi, A. 1997. *The Handicap Principle: A Missing Piece of Darwin's Puzzle*, Oxford, UK: Oxford University Press; Koch, N. 2011. "A mathematical analysis of the evolution of human mate choice traits: Implications for evolutionary psychologists, " *Journal of Evolutionary Psychology* 9 (3): 219–47.

[50] Hamilton, W. 1964. "The genetical evolution of social behaviour. I, " *Journal of Theoretical Biology* 7 (1): 1–16; Marshall, J. A. R. 2015. *Social Evolution and Inclusive Fitness Theory: An Introduction*, Princeton, NJ: Princeton University Press. 对内含适应度的批评，参见 Nowak, M. A., Tarnita, C. E., and Wilson, E. O. 2010. "The evolution of eusociality, " *Nature* 466: 1057–62; Wilson, E. O. 2012. *The Social Conquest of Earth*. New York: Liveright.

[51] Mateo, J. M. 1996. "The development of alarm-call response behavior in free-living juvenile Belding' s ground squirrels, " *Animal Behaviour* 52: 489–505.

[52] Dawkins, R. 1979. "12 Misunderstandings of kin selection, " *Zeitschrift für Tierpsychologie* 51: 184–200; Park, J. H. 2007. "Persistent misunderstandings of inclusive fitness and kin selection: Their ubiquitous appearance in social psychology textbooks, " *Evolutionary Psychology* 5 (4): 860–73; West, S. A., Mouden, C. E., and Gardner, A. 2011. "Sixteen common misconceptions about the evolution of cooperation in humans, " *Evolution and Social Behaviour* 32: 231–62.

[53] Holekamp, K. E. 1986. "Proximal causes of natal dispersal in Belding' s ground squirrels, " Ecological Monographs 56 (4): 365–91; Sherman, P. W. 1981. "Kinship, demography, and Belding' s ground squirrel nepotism, " *Behavioral Ecology and Sociobiology* 8: 251–59.

[54] Dal Martello, M. F., and Maloney, L. T. 2010. "Lateralization of kin recognition signals in the human face, " *Journal of Vision* 10 (8): 9 1–10; Dal Martello, M. F., DeBruine, L. M., and Maloney, L. T. 2015. "Allocentric kin recognition is not affected by facial inversion." *Journal of Vision* 15 (13): 5 1–11; Maloney, L. T., and Dal Martello, M. F. 2006. "Kin recognition and the perceived facial similarity of children, " *Journal of Vision* 6 (10): 1047–56.

[55] Buss, D. M. 2016. Evolutionary *Psychology: The New Science of the Mind*, New York: Routledge; Etcoff, N. 1999. *Survival of the Prettiest: The Science of Beauty*, New York: Anchor Books, Random House; Perrett, D. 2010. *In Your Face: The New Science of Human Attraction*, New York: Palgrave McMillan。关于我们对面部吸引力的评价不是受基因影响，而是受人与人之间的环境差异影响的论证，参见 Germine, L., Russell, R., Bronstad, P. M., Blokland, G. A. M., Smoller, J. W., Kwok, H., Anthony, S. E., Nakayama, K., Rhodes, G., and Wilmer, J. B. 2015. "Individual aesthetic preferences for faces are shaped mostly by environments, not genes, " *Current Biology* 25: 2684–89.

3. 实在——无人在看的太阳

[1] Hoffman, D. D. 1998. *Visual Intelligence: How We Create What We See*, New York: W. W. Norton; Knill, D. C., and Richards W. A., eds. 1996. *Perception as Bayesian Inference*, Cambridge, UK: Cambridge University Press; Palmer, S. 1999. *Vision Science: Photons to Phenomenology*, Cambridge, MA: MIT Press; Pinker, S. 1997. *How the Mind Works*, New York: W. W. Norton（中译本:《心智探奇》，浙江人民出版社，2016）.

[2] Geisler, W. S., and Diehl, R. L. 2002. "Bayesian natural selection and the evolution of perceptual systems," *Philosophical Transactions of the Royal Society of London B* 357: 419–48.

[3] Geisler, W. S., and Diehl, R. L. 2003. "A Bayesian approach to the evolution of perceptual and cognitive systems," *Cognitive Science* 27: 379–402.

[4] Trivers, R. L. 2011. The Folly of Fools: *The Logic of Deceit and* Self-Deception in *Human Life*, New York: Basic Books（中译本:《愚昧者的愚昧》，机械工业出版社，2016）. [5] Noë, A., and O'Regan, J. K. 2002. "On the brain-basis of visual consciousness: A sensorimotor account," 收录在 A. Noë and E. Thompson, eds., *Vision and Mind: Selected Readings in the Philosophy of Perception*, Cambridge, MA: MIT Press, 567–98; O'Regan, J. K., and Noë, A. 2001. "A sensorimotor account of vision and visual consciousness," *Behavioral and Brain Sciences* 24: 939–1031。他们的思想与吉布森类似，吉布森认为我们是直接感知——而不是计算——环境中对于生存重要的方面，比如可供性（affordances），即环境中所有可能的行动。Gibson, J. J. 1950. *The Perception of the Visual World*, Boston: Houghton Mifflin; Gibson, J. J. 1960. The *Concept of the Stimulus in Psychology*, *The American Psychologist* 15/1960, 694–703; Gibson, J. J. 1966. *The Senses Considered as Perceptual Systems*, Boston: Houghton Mifflin; Gibson, J. J. 1979. *The Ecological Approach to Visual Perception*, Boston: Houghton Mifflin.

[6] Pizlo, Z., Li, Y., Sawada, T., and Steinman, R. M. 2014. *Making a Machine That Sees Like Us*, New York: Oxford University Press.

[7] Loomis, J. M., Da Silva, J. A., Fujita, N., and Fukusima, S. S. 1992. "Visual space perception and visually directed action," *Journal of Experimental Psychology: Human Perception and Performance* 18: 906–21; Loomis, J. M., and Philbeck, J. W. 1999. "Is the anisotropy of 3-D shape invariant across scale?" *Perception & Psychophysics* 61: 397–402; Loomis, J. M. 2014. "Three theories for reconciling the linearity of egocentric distance perception with distortion of shape on the ground plane," *Psychology & Neuroscience* 7: 245–51; Foley, J. M., Ribeiro-Filho, N. P., and Da Silva, J. A. 2004. "Visual perception of extent and the geometry of visual space," *Vision Research* 44: 147–56; Wu, B., Ooi, T. L., and He, Z. J. 2004. "Perceiving distance accurately by a directional process of integrating ground information," *Nature* 428: 73–77; Howe, C. Q., and Purves, D. 2002. "Range image statistics can explain the anomalous perception of length," *Proceedings of the National Academy of Sciences* 99: 13184–88; Burge, J.,

Fowlkes, C. C., and Banks, M. S. 2010. "Natural-scene statistics predict how the figure-ground cue of convexity affects human depth perception," *The Journal of Neuroscience* 30 (21): 7269–80; Froyen, V., Feldman, J., and Singh, M. 2013. "Rotating columns: Relating structure-from-motion, accretion/deletion, and figure/ground," *Journal of Vision* 13, doi: 10.1167/13.10.6.

[8]　Marr, D. 1982. *Visio.*, San Francisco: Freeman Press.

[9]　同上。

[10]　Pinker, S. 1997. *How the Mind Works*, New York: W. W. Norton（中译本:《心智探奇》, 浙江人民出版社, 2016）。

[11]　Fodor, J. 2000. *The Mind Doesn't Work That Way*, Cambridge, MA: MIT Press.

[12]　Pinker, S. 2005. "So how does the mind work?" *Mind & Language* 20: 1–24.

[13]　同上。

[14]　Hawking, S., and Mlodinow, L. 2012. *The Grand Design*, New York: Bantam（中译本:《大设计》, 湖南科学技术出版社, 2011）.

[15]　同上。

4. 感官——适应胜过真实

[1]　泡利给爱因斯坦的信, 收录在 Born, M. 1971. The Born-Einstein *Letters*, New York: Walker.

[2]　Bell, J. S. 1964. "On the Einstein Podolsky Rosen paradox," *Physics* 1: 195–200.

[3]　Wilkins, J. S., and Griffiths, P. E. 2012. "Evolutionary debunking arguments in three domains: Fact, value, and religion," 收录在 J. Maclaurin and G. Dawes, eds., *A New Science of Religion*, New York: Routledge.

[4]　Darwin, C. 1859. *On the Origin of Species by Means of Natural Selection, or the Preservation of Favoured Races in the Struggle for Life*, London: John Murray, 127（中译本:《物种起源》, 商务印书馆, 1995）.

[5]　Darwin, C. 1871. *The Descent of Man, and Selection in Relation to Sex*, London: John Murray, 62（中译本:《人类的由来》, 商务印书馆, 1983）.

[6]　Huxley, T. H. 1880. "The coming of age of 'The origin of species,'" Science 1: 15–17.

[7]　Dawkins, R. 1976. *The Selfish Gene*, New York: Oxford University Press（中译本:《自私的基因》, 吉林人民出版社, 1998）.

[8]　Smolin, L. 1992. "Did the universe evolve?" *Classical and Quantum Gravity* 9: 173–91; Smolin, L. 1997. *The Life of the Cosmos*, Oxford, UK: Oxford University Press.

[9]　Dawkins, R. 1983. "Universal Darwinism," in D. S. Bendall, ed., *Evolution from Molecules to Man*, Cambridge, UK: Cambridge University Press; Dennett, D. 1996. *Darwin's Dangerous Idea: Evolution and the Meanings of Life*, New York: Simon & Schuster.

[10]　Dennett, D. 1996. *Darwin's Dangerous Idea: Evolution and the Meanings of Life*, New York: Simon & Schuster.

[11] Smith, J. M., and Price, G. R. 1973. "The logic of animal conflict," *Nature* 246: 15–18; Nowak, M. A. 2006. *Evolutionary Dynamics: Exploring the Equations of Life*, Cambridge, MA: Belknap Press（中译本:《进化动力学》, 高等教育出版社, 2010）.

[12] Polis, G. A., and Farley, R. D. 1979. "Behavior and ecology of mating in the cannabilistic scorpion *Paruroctonus mesaensis* Stahnke（Scorpionida: Vaejovidae）," Journal of Arachnology 7: 33–46.

[13] Smith, J. M., and Price, G. R. 1973. "The logic of animal conflict," *Nature* 246: 15–18; Smith, J. M. 1974. "The theory of games and the evolution of animal conflicts," *Journal of Theoretical Biology* 47: 209–21.

[14] 同上。

[15] 同上。

[16] Nowak, M. A. 2006. *Evolutionary Dynamics: Exploring the Equations of Life*, Cambridge, MA: Belknap Press.

[17] 同上。

[18] Prakash, C., Stephens, K., Hoffman, D. D., and Singh, M. 2017. "Fitness beats truth in the evolution of perception," http://cogsci.uci.edu/~ddhoff/FBT-7-30-17.

[19] Mark, J. T., Marion, B., and Hoffman, D. D. 2010. "Natural selection and veridical perceptions," *Journal of Theoretical Biology* 266: 504–15; Marion, B. B. 2013. "The impact of utility on the evolution of perceptions," PhD diss., University of California–Irvine; Mark, J. T. 2013. "Evolutionary pressures on veridical perception: When does natural selection favor truth?" PhD diss., University of California–Irvine.

[20] Marr, D. 1982. Vision, San Francisco: Freeman Press.

[21] 同上。

[22] Hood, B. 2014. The Domesticated Brain, London: Penguin; Bailey, D. H., and Geary, D. C. 2009. "Hominid brain evolution: Testing climatic, ecological, and social competition models," *Human Nature* 20: 67–79.

[23] Nowak, M. A. 2006. *Evolutionary Dynamics: Exploring the Equations of Life*, Cambridge, MA: Belknap Press.

[24] Mark, J. T. 2013. "Evolutionary pressures on veridical perception: When does natural selection favor truth?" PhD diss., University of California–Irvine; Hoffman, D. D., Singh, M., and Mark, J. T. 2013. "Does evolution favor true perceptions?" *Proceedings of the SPIE 8651, Human Vision and Electronic Imaging XVIII*, 865104, doi: 10.1117/12.2011609.

[25] Hoffman, D. D., Singh, M., and Prakash, C. 2015. "The interface theory of perception," *Psychonomic Bulletin and Review* 22: 1480–1506.

[26] 稻草人谬误是一种非形式谬误: 通过反驳对方没有提出的论点来反驳对方的论点。

[27] Webster, M. A. 2014. "Probing the functions of contextual modulation by adapting images rather than observers," *Vision Research* 104: 68–79; Webster, M. A. 2015. "Visual adaptation," *Annual Reviews of Vision Science* 1: 547–67.

[28] Marion, B. B. 2013. "The impact of utility on the evolution of perceptions," PhD diss.,

University of California-Irvine.

[29] Mausfeld, R. 2015. "Notions such as 'truth' or 'correspondence to the objective world' play no role in explanatory accounts of perception," *Psychonomic Bulletin & Review* 6: 1535–40.

[30] Duret, L. 2008. "Neutral theory: The null hypothesis of molecular evolution," *Nature Education* 1（1）: 218.

[31] Cohen, J. 2015. "Perceptual representation, veridicality, and the interface theory of perception," *Psychonomic Bulletin & Review* 6: 1512–18.

[32] 同上。

[33] Cover, T. M., and Thomas, J. A. 2006. Elements of Information Theory, Hoboken, NJ: Wiley（中译本:《信息论基础》, 机械工业出版社, 2008）.

[34] 关于感知内容的哲学, 更多内容参见 Hawley, K., and Macpherson, F., eds. 2011. *The Admissible Contents of Experience*, West Sussex, UK: Wiley-Blackwell）; Siegel, S. 2011. *The Contents of Visual Experience*, Oxford, UK: Oxford University Press; Brogard, B., ed. 2014. *Does Perception Have Content?* , Oxford, UK: Oxford University Press.

[35] 《自私的基因》前言。Dawkins, R. 1976. *The Selfish Gene*, New York: Oxford University Press.

[36] Pinker, S. 1997. *How the Mind Works*, New York: W. W. Norton（中译本:《心智探奇》, 浙江人民出版社, 2016）.

5. 错觉——唬人的电脑桌面

[1] Hoffman, D. D. 1998. *Visual Intelligence: How We Create What We See*, New York: W. W. Norton; Hoffman, D. D. 2009. "The interface theory of perception," in S. Dickinson, M. Tarr, A. Leonardis, and B. Schiele, eds., *Object Categorization: Computer and Human Vision Perspectives*, New York: Cambridge University Press, 148–65; Hoffman, D. D. 2011. "The construction of visual reality," in J. Blom and I. Sommer, eds., *Hallucinations: Theory and Practice*, New York: Springer, 7–15; Hoffman, D. D. 2012. "The sensory desktop," in J. Brockman, ed., *This Will Make You Smarter: New Scientific Concepts to Improve Your Thinking*, New York: Harper Perennial, 135–38; Hoffman, D. D. 2013. "Public objects and private qualia: The scope and limits of psychophysics," in L. Albertazzi, ed., The Wiley-Blackwell *Handbook of Experimental Phenomenology*, New York: Wiley-Blackwell, 71–89; Hoffman, D. D. 2016. "The interface theory of perception," *Current Directions in Psychological Science* 25（3）: 157–61; Hoffman, D. D. 2018. "The interface theory of perception," *in Stevens' Handbook of Experimental Psychology and Cognitive Neuroscience*, 4th edition, Hoboken, NJ: Wiley; Hoffman, D. D., and Prakash, C. 2014. "Objects of consciousness," *Frontiers in Psychology: Perception Science*, http://dx.doi.org/10.3389/fpsyg.2014.00577; Hoffman, D. D., Singh, M., and Prakash, C. 2015. "The interface theory of perception," *Psychonomic Bulletin and Review* 22: 1480–1506; Hoffman, D. D., Singh, M., and Mark, J. T.

2013. "Does evolution favor true perceptions? " *Proceedings of the SPIE 8651, Human Vision and Electronic Imaging XVIII*, 865104, doi: 10.1117/12.2011609; Koenderink, J. J. 2011. "Vision as a user interface, " *Human Vision and Electronic Imaging XVI*, SPIE Vol. 7865, doi: 10.1117/12.881671; Koenderink, J. J. 2013. "World, environment, umwelt, and inner-world: A biological perspective on visual awareness, " *Human Vision and Electronic Imaging XVIII*, SPIE Vol. 8651, doi: 10.1117/12.2011874; Mark, J. T., Marion, B., and Hoffman, D. D. 2010. "Natural selection and veridical perceptions, " *Journal of Theoretical Biology* 266: 504–15; Mausfeld, R. 2002. "The physicalist trap in perception theory, " in D. Heyer and R. Mausfeld, eds., *Perception and the Physical World: Psychological and Philosophical Issues in Perception*, New York: Wiley, 75–112; Singh, M., and Hoffman, D. D. 2013. "Natural selection and shape perception: Shape as an effective code for fitness, " in S. Dickinson and Z. Pizlo, eds., *Shape Perception in Human and Computer Vision: An Interdisciplinary Perspective*, New York: Springer, 171–85. Umwelt 的相关思想, 参见 von Uexküll, J. 1909. *Umwelt und Innenwelt der Tiere*, Berlin: Springer-Verlag; von Uexküll, J. 1926. *Theoretical Biology*, New York: Harcourt, Brace; von Uexküll, J. 1957. "A stroll through the worlds of animals and men: A picture book of invisible worlds, " in C. H. Schiller, ed., *Instinctive Behavior: Development of a Modern Concept*, New York: Hallmark; Boyer, P. 2001. "Natural epistemology or evolved metaphysics? Developmental evidence for early-developed, intuitive, category-specific, incomplete, and stubborn metaphysical presumptions, " *Philosophical Psychology* 13: 277–97.

[2] Shermer, M. 2015. "Did humans evolve to see things as they really are? Do we perceive reality as it is? " *Scientific* American (November), https://www.scientificamerican.com/article/did-humans-evolve-to-see-things-as-they-really-are/.

[3] Berkeley, G. 1710. *A Treatise Concerning the Principles of Human Knowledge*.

[4] Kant, I. 1781. *Critique of Pure Reason*, New York: American Home Library.

[5] Stroud, B. 1999. *The Quest for Reality: Subjectivism and the Metaphysics of Color*, Oxford, UK: Oxford University Press.

[6] Strawson, P. F. 1990. *The Bounds of Sense: An Essay on Kant's Critique of Pure Reason*, London: Routledge, 38.

[7] von Uexküll, J. 1934. *A Foray into the Worlds of Animals and Humans*, Berlin: Springer.

[8] 柏拉图, 《理想国》。

[9] Palmer, S. 1999. *Vision Science: Photons to Phenomenology*, Cambridge, MA: MIT Press.

[10] 参见, 例如, Plantinga, A. 2011. *Where the Conflict Really Lies: Science, Religion and Naturalism*, New York: Oxford University Press; Balfour, A. J. 1915. *Theism and Humanism, Being the Gifford Lectures Delivered at the University of Glasgow*, 1914, New York: Hodder & Stoughton.

[11] Cosmides, L., and Tooby, J. 1992. "Cognitive Adaptions for Social Exchange, " in Barkow, J., Cosmides, L., and Tooby, J., eds., *The adapted mind: Evolutionary psychology and the generation of culture*, New York: Oxford University Press.

［12］ Mercier, H., and Sperber, D. 2011. "Why do humans reason? Arguments for an argumentative theory," *Behavioral and Brain Sciences* 34: 57–111; Mercier, H., and Sperber, D. 2017. *The Enigma of Reason*, Cambridge, MA: Harvard University Press.

［13］ Shermer, M. 2015. "Did humans evolve to see things as they really are? Do we perceive reality as it is? " *Scientific American* (November), https://www.scientificamerican.com/article/did-humans-evolve-to-see-things-as-they-really-are/.

［14］ 这里是一个关于适应度收益的专业问题。在这一章中，我认为区分真实的两种不同意义是有帮助的：存在的和未被感知时存在的。后面这种意义的真实我称为客观实在，我认为我们的感官进化是为了感知适应度收益，而不是客观实在。但是，作为一种数学抽象，适应度收益可能在未被感知的情况下存在。例如，假设我处于一种深度的无梦睡眠状态，因此我可以说什么也感觉不到。尽管如此，声称我的适应度收益仍然存在似乎是合理的，即使我没有感知到它们。例如，如果我熟睡时从床上掉下来，我的健康状况可能会下降。因此，我的适应度收益是客观的；它们在未被感知时也存在。这没什么问题。但如果我不存在的话，我的适应度收益就不会存在。客观性有一种更强的意义，让我们称之为"强客观性，"在这种客观性中，即使不存在感知者，某种东西只要存在也是真实的。例如，许多物理学家认为时空和物体在有任何生物感知它们之前就已经存在，因此时空和物体具有强客观性。然而，除非存在生物，否则适应度收益并不存在，因此并不具有强客观性。当我谈到进化塑造生物使得它们的感知追踪的是适应而不是真实，我所指的"真实"是物理学家们的强客观性实在的概念。

6. 引力——时空注定消亡

［1］ 1954 年泡利给爱因斯坦的信，收录在 Born, M. 1971. The Born-Einstein *Letters,* New York: Walker。

［2］ 1948 年爱因斯坦写给玻恩的信，收录在 Born, M. 1971. The Born-Einstein Letters, New York: Walker。

［3］ 同上。

［4］ Bell, J. S. 1964. "On the Einstein Podolsky Rosen paradox, " *Physics* 1:195–200.

［5］ Hensen, B., et al. 2015. "Loophole-free Bell inequality violation using electron spins separated by 1.3 kilometres, " *Nature* 526: 682–86.

［6］ 同上。

［7］ Giustina, M., et al. 2015. "Significant-loophole-free test of Bell's Theorem with entangled photons, " *Physical Review Letters* 115: 250401; Gröblacher, S., Paterek, T., Kaltenbaek, R., Brukner, C., Zukowski, M., Aspelmeyer, M., and Zeilinger, A. 2007. "An experimental test of non-local realism, " *Nature* 446: 871–75.

［8］ Gröblacher, S., Paterek, T., Kaltenbaek, R., Brukner, C., Zukowski, M., Aspelmeyer, M., and Zeilinger, A. 2007. "An experimental test of non-local realism," *Nature* 446: 871–75.

［9］ Bell, J. S. 1966. "On the problem of hidden variables in quantum mechanics, " *Reviews of*

Modern Physics 38: 447-52；Kochen, S., and Specker, E. P. 1967. "The problem of hidden variables in quantum mechanics," *Journal of Mathematics and Mechanics* 17: 59-87. For a wide-ranging discussion of contextuality, see Dzhafarov, E., Jordan, S., Zhang, R., and Cervantes, V., eds. 2016. *Contextuality from quantum physics to psychology*, Singapore：World Scientific.

［10］Einstein, A., Podolsky, B., and Rosen, N. 1935. "Can quantum-mechanical description of physical reality be considered complete？" *Physical Review* 47: 777-80.

［11］Cabello, A., Estebaranz, J. M., and García-Alcaine, G. 1996. "Bell-Kochen-Specker Theorem：A proof with 18 vectors," *Physics Letters A* 212: 183. See also Klyachko, A. A., Can, M. A., Binicioglu, S. and Shumovsky, A. S. 2008. "Simple test for hidden variables in spin-1 systems," *Physical Review Letters* 101: 020403.

［12］Formaggio, J. A., Kaiser, D. I., Murskyj, M. M., and Weiss, T. E. 2016. "Violation of the Leggett-Garg inequality in neutrino oscillations," arXiv: 1602.00041［quant-ph］.

［13］Rovelli, C. 1996. "Relational quantum mechanics," *International Journal of Theoretical Physics* 35: 1637-78.

［14］同上。

［15］同上。

［16］Fields, C. 2016. "Building the observer into the system：Toward a realistic description of human interaction with the world," *Systems* 4: 32, doi: 10.3390/systems4040032.

［17］Fuchs, C. A., Mermin, N. D., and Schack, R. 2014. "An introduction to QBism with an application to the locality of quantum mechanics," *American Journal of Physics* 82: 749.

［18］同上。

［19］Fuchs, C. 2010. "QBism, the perimeter of quantum Bayesianism," arXiv: 1003.5209 v51. See also the summary of QBism in von Baeyer, H. C. 2016. *QBism：The Future of Quantum Physics*, Cambridge, MA：Harvard University Press, and the critique of QBism in Fields, C. 2012. "Autonomy all the way down：Systems and dynamics in quantum Bayesianism," arXiv: 1108.2024v2［quant-ph］.

［20］Bartley, W. W. 1987. "Philosophy of biology versus philosophy of physics," in G. Radnitzky and W. W. Bartley III, eds., *Evolutionary Epistemology, Theory of Rationality, and the Sociology of Knowledge*, La Salle, IL：Open Court.

［21］同上。

［22］Wheeler, J. A. 1979. "Beyond the black hole," in H. Woolfe, ed., *Some Strangeness in the Proportion：A Centennial Symposium to Celebrate the Achievements of Albert Einstein*, Reading, PA：Addison-Wesley, 341-75.

［23］Wheeler, J. A. 1978. "The 'past' and the 'delayed-choice' double-slit experiment," in A. R. Marlow, ed., *Mathematical Foundations of Quantum Theory*, New York：Academic.

［24］同上。

［25］Eibenberger, S., Gerlich, S., Arndt, M., Mayor, M., and Tüxen, J. 2013. "Matter-wave interference of particles selected from a molecular library with masses exceeding

10，000 amu，" *Physical Chemistry Chemical Physics* 15：14696.

[26] Wheeler，J. A. 1979. "Beyond the black hole，" in H. Woolfe，ed.，*Some Strangeness in the Proportion：A Centennial Symposium to Celebrate the Achievements of Albert Einstein*，Reading，PA：Addison-Wesley，341–75.

[27] Jacques，V.，Wu，E.，Grosshans，F.，Treussart，F.，Grangier，P.，Aspect，A.，and Roch，J-F. 2007. "Experimental realization of Wheeler's delayed-choice gedanken experiments，" *Science* 315（5814）：966–68；Manning，A. G.，Khakimov，R. I.，Dall，R. G.，and Truscott，A. G. 2015. "Wheeler's delayed-choice gedanken experiment with a single atom，" *Nature Physics* 11：539–42.

[28] 同上。

[29] Wheeler，J. A. 1990. "Information，physics，quantum：The search for links，" in W. H. Zurek，ed.，*Complexity，Entropy，and the Physics of Information*，*SFI Studies in the Sciences of Complexity*，vol. VIII，New York：Addison-Wesley.

[30] 同上。

[31] 同上。

[32] Bekenstein，J. D. 1981. "Universal upper bound on the entropy-to-energy ratio for bounded systems，" *Physical Review* D 23：287–98；Bekenstein，J. D. 2003. "Information in the Holographic Universe：Theoretical results about black holes suggest that the universe could be like a gigantic hologram，" *Scientific American*（August），59；Susskind，L. 2008. *The Black Hole War*，New York：Little，Brown.

[33] 这提出了物理学中尚未解决的"洛伦兹不变性违反"问题。

[34] Susskind，L. 2008. *The Black Hole War*，New York：Little，Brown（中译本：《黑洞战争》，湖南科技出版社，2018）.

[35] 同上。

[36] 量子信息理论不同于经典信息理论，因为正如Fuchs（2010）所说，"量子力学是贝叶斯概率理论的补充——不是它的一般化，不是与它完全正交的东西，而是一个补充。"特别是，玻恩定则是"在另一个（反事实）上下文中得到的使用全概率公式的泛函。"Fuchs，C. 2010. "QBism，the perimeter of quantum Bayesianism，" arXiv：1003.5209v51. See also D'Ariano，G. M.，Chiribella，G.，and Perinotti，P. 2017. *Quantum Theory from First Principles：An Informational Approach*，New York：Cambridge University Press.

[37] Susskind，L. 2008. *The Black Hole War*，New York：Little，Brown（中译本：《黑洞战争》，湖南科技出版社，2018）.

[38] 同上。

[39] Almheiri，A.，Marolf，D.，Polchinski，J.，and Sully，J. 2013. "Black holes：complementarity or firewalls？" *Journal of High Energy Physics* 2，arXiv：1207.3123.

[40] Harlow，D.，and Hayden，P. 2013. "Quantum computation vs. firewalls，" *Journal of High Energy Physics* 85，https://arxiv.org/abs/1301.4504.

[41] Bousso，R. 2012. "Observer complementarity upholds the equivalence principle，" arXiv：1207.5192 [hep-th]．

［42］ Gefter, A. 2014. *Trespassing on Einstein's Lawn*, New York：Bantam Books（中译本：《爱因斯坦草坪上的不速之客》，外语教学与研究出版社，2020）。

［43］ Fuchs, C. A., Mermin, N. D., and Schack, R. 2014. "An introduction to QBism with an application to the locality of quantum mechanics," *American Journal of Physics* 82：749.

［44］ Hawking, S., and Hertog, T. 2006. "Populating the landscape：A top-down approach," *Physical Review* D 73：123527.

［45］ 同上。

［46］ 同上。

［47］ 同上。

［48］ Wheeler, J. A. 1982. "Bohr, Einstein, and the strange lesson of the quantum," in R. Q. Elvee, ed., *Mind in Nature：Nobel Conference XVII*, Gustavus Adolphus College, St. Peter, Minnesota, San Francisco：Harper & Row, 1–23.

［49］ Fuchs, C. 2010. "QBism, the perimeter of quantum Bayesianism," arXiv：1003.5209v51.

［50］ 对量子力学的其他诠释的概述，参见，例如，Albert, D. 1992. *Quantum Mechanics and Experience*, Cambridge, MA：Harvard University Press；Becker, A. 2018. *What Is Real? The Unfinished Quest for the Meaning of Quantum Physics*, New York：Basic Books.

［51］ https：//www.youtube.com/watch? v=U47kyV4TMnE, 6 分 10 秒处，另见 https：//www.youtube.com/watch? v=82NatoryBBk&feature=youtu.be.

7. 虚拟——膨胀出全息世界

［1］ Gross, D. 2005. "Einstein and the search for unification," *Current Science* 89：2035–40.

［2］ 同上，2039。

［3］ Cole, K. C. 1999. "Time, space obsolete in new view of universe," *Los Angeles Times*, 11 月 16 日。

［4］ Singh, M., and Hoffman, D. D. 2013. "Natural selection and shape perception：Shape as an effective code for fitness," in S. Dickinson and Z. Pizlo, eds., *Shape Perception in Human and Computer Vision：An Interdisciplinary Perspective*, New York：Springer, 171–85.

［5］ Zadra, J. R., Weltman, A. L., and Proffitt, D. R. 2016. "Walkable distances are bioenergetically scaled," Journal of Experimental Psychology：*Human Perception and Performance* 42：39–51。但这样的结果可能是由于最佳编码或实验的需求特征。参见，例如，Durgin, F. H., and Li, Z. 2011. "Perceptual scale expansion：An efficient angular coding strategy for locomotor space," *Attention, Perception & Psychophysics* 73：1856–70.

［6］ Cover, T. M., and Thomas, J. A. 2006. *Elements of Information Theory*, Hoboken, NJ：Wiley.

［7］ Almheiri, A., Dong, X., and Harlow, D. 2015. "Bulk locality and quantum error correction in AdS/CFT, " arXiv: 1411.7041v3 [hep-th].

[8] 同上。

[9] Pastawski, F., Yoshida, B., Harlow, B., and Preskill, J. 2015. "Holographic quantum error-correcting codes: Toy models for the bulk/boundary correspondence, " arXiv: 1503.06237 [hep-th]; Pastawski, F., and Preskill, J. 2015. "Code properties from holographic geometries, " arXiv: 1612.00017v2 [quant-ph].

[10] Pizlo, Z., Li, Y., Sawada, T., and Steinman, R. M. 2014. *Making a Machine That Sees Like Us*, New York: Oxford University Press.

[11] Hoffman, D. D., and Prakash, C. 2014. "Objects of consciousness, " *Frontiers in Psychology: Perception Science*, http://dx.doi.org/10.3389/fpsyg.2014.00577；另见 Terekhov, A. V., and O' Regan, J. K. 2016. "Space as an invention of active agents, " Frontiers in Robotics and AI, doi: 10.3389/frobt.2016.00004.

[12] 对称性可以用群论来数学地描述。群论在许多纠错码的构造中是很重要的工具。参见，例如，Togneri, R., and deSilva, C. J. S. 2003. *Fundamentals of Information Theory and Coding Design*, New York: Chapman & Hall/CRC。另见 Neil Sloane 的讲座: https:// www.youtube.com/watch? v=uCeTOjllflg.

[13] Pizlo, Z., Li, Y., Sawada, T., and Steinman, R. M. 2014. *Making a Machine That Sees Like Us*, New York: Oxford University Press.

[14] Knill, D. C., and Richards W. A., eds. 1996. *Perception as Bayesian Inference*, Cambridge, UK: Cambridge University Press.

[15] Varela, F. J., Thompson, E., and Rosch, E. 1991. *The Embodied Mind*, Cambridge, MA: MIT Press.

[16] Chemero, A. 2009. *Radical Embodied Cognitive Science*, Cambridge, MA: MIT Press.

[17] Rubino, G., Rozema, L. A., Feix, A., Araújo, M., Zeuner, J. M., Procopio, L. M., Brukner, C., and Walther, P. 2017. "Experimental verification of an indefinite causal order, " *Science Advances* 3: e1602589, arXiv: 1608.01683v1 [quant-ph].

[18] 同上。

[19] Oizumi, M., Albantakis, L., and Tononi, G. 2014. "From the phenomenology to the mechanisms of consciousness: Integrated information theory 3.0, " *PLOS Computational Biology* 10: e1003588; Hoel, E. P. 2017. "When the map is better than the territory, " Entropy 19: 188, doi: 10.3390/e19050188; Searle, J. R. 1998. *Mind, Language and Society: Philosophy in the real world*, New York: Basic Books（中译本:《心灵、语言和社会》，上海译文出版社，2006）; Searle, J. R. 2015. *Seeing Things as They Are: A Theory of Perception*, New York: Oxford University Press.

[20] Rubino, G., Rozema, L. A., Feix, A., Araújo, M., Zeuner, J. M., Procopio, L. M., Brukner, C., and Walther, P. 2017. "Experimental verification of an indefinite causal order, " *Science Advances* 3: e1602589, arXiv: 1608.01683v1 [quant-ph].

[21] Cover, T. M., and Thomas, J. A. 2006. *Elements of Information Theory*, Hoboken, NJ: Wiley.

[22] Fuchs, C. 2010. "QBism, the perimeter of quantum Bayesianism, " arXiv: 1003.5209

v51。福克斯指出，任何用复振幅表示的量子态都可以用标准概率重写。量子理论并没有扩展标准概率论，而只是标准概率论中的一个模型。

［23］主观内克尔立方体最先发表在 Bradley, D. R., and Petry, H. M. 1977. "Organizational determinants of subjective contour: The subjective Necker cube," *American Journal of Psychology* 90: 253-62.

［24］Van Raamsdonk, M. 2010. "Building up spacetime with quantum entanglement," *General Relativity and Gravitation* 42: 2323-29; Swingle, B. 2009. "Entanglement renormalization and holography," arXiv: 0905.1317 [cond-mat.str-el]; Cao, C., Carroll, S. M., and Michalakis, S. 2017. "Space from Hilbert space: Recovering geometry from bulk entanglement," Physical Review D 95: 024031.

［25］Morgenstern, Y., Murray, R. F., and Harris, L. R. 2011. "The human visual system's assumption that light comes from above is weak," *Proceedings of the National Academy of Sciences USA* 108（30）: 12551-3, doi: 10.1073/pnas.1100794108.

［26］Body Optix ™ 的例子，参见 http://leejeans-ap.com/bodyoptixdenim/en/index.html 和 https://www.forbes.com/sites/rachelarthur/2017/09/20/lee-jeans-visual-science-instagram/#220b69987fb2.

8. 多彩——界面的变异

［1］Koenderink, J. 2010. *Color for the Sciences*, Cambridge, MA: MIT Press.

［2］Pinna, B., Brelstaff, G., and Spillmann, L. 2001. "Surface color from boundaries: A new 'watercolor' illusion," *Vision Research* 41: 2669-76.

［3］van Tuijl, H. F. J. M., and Leeuwenberg, E. L. J. 1979. "Neon color spreading and structural information measures," *Perception & Psychophysics* 25: 269-84; Watanabe, T., and Sato, T. 1989. "Effects of luminance contrast on color spreading and illusory contour in the neon color spreading effect," *Perception & Psychophysics* 45: 427-30.

［4］Albert, M., and Hoffman, D. D. 2000. "The generic-viewpoint assumption and illusory contours," Perception 29: 303-12; Hoffman, D. D. 1998. *Visual Intelligence: How We Create What We See*, New York: W. W. Norton.

［5］这部电影的网址为 http://www.cogsci.uci.edu/~ddhoff/BB.mp4。

［6］Cicerone, C., and Hoffman, D. D. 1997. "Color from motion: Dichoptic activation and a possible role in breaking camouflage," *Perception* 26: 1367-80; Hoffman, D. D. 1998. *Visual Intelligence: How We Create What We See*, New York: W. W. Norton.

［7］Labrecque, L. I., and Milne, G. R. 2012. "Exciting red and competent blue: The importance of color in marketing," *Journal of the Academy of Marketing Science* 40: 711-27.

［8］Chamovitz, D. 2012. *What a Plant Knows*, New York: Scientific American / Farrar, Straus and Giroux（中译本：《植物知道生命的答案》，长江文艺出版社，2018）.

［9］同上。

［10］同上。

[11] 同上。

[12] Wiltbank, L. B., and Kehoe, D. M. 2016. "Two cyanobacterial photoreceptors regulate photosynthetic light harvesting by sensing teal, green, yellow and red light," mBio 7 (1): e02130-15, doi: 10.1128/mBio.02130-15.

[13] Palmer, S. E., and Schloss, K. B. 2010. "An ecological valence theory of human color preference," *Proceedings of the National Academy of Sciences of the USA* 107: 8877–82; Palmer, S. E., Schloss, K. B., and Sammartino, J. 2013. "Visual aesthetics and human preference," *Annual Review of Psychology* 64: 77–107.

[14] 色纹（Chromature）这个词是我在 2009 年提出来的。CNN 的文章提到了这个词: https://www.cnn.com/2018/04/26/health/colorscope-benefits-of-a-colorful-life/index.html.

[15] 除去暗物质，可观测宇宙中的粒子数量大约为 10^{80} 个，这个数被称为爱丁顿数。如果图像中每个像素用 24 比特表示颜色（红、绿、蓝各 8 位），那么每个像素有 16777216 种可能的颜色。因此一小块像素的可能色彩就会让爱丁顿数相形见绌。

[16] Imura, T., Masuda, T., Wada, Y., Tomonaga, M., and Okajima, K. 2016. "Chimpanzees can visually perceive differences in the freshness of foods," Nature 6: 34685, doi: 10.1038/srep34685.

[17] Cytowic, R. E., and Eagleman, D. M. 2009. *Wednesday Is Indigo Blue: Discovering the Brain of Synesthesia*, Cambridge, MA: MIT Press.

[18] Nabokov, V. 1951. *Speak, Memory*, New York: Harper & Bros（中译本:《说吧，记忆》，上海译文出版社，2009）.

[19] Cytowic, R. E., and Eagleman, D. M. 2009. *Wednesday Is Indigo Blue: Discovering the Brain of Synesthesia*, Cambridge, MA: MIT Press（中译本:《星期三是靛蓝色的蓝》，湖南科学技术出版社，2017）.

[20] Cytowic, R. E. 1993. *The Man Who Tasted Shapes*, Cambridge, MA: MIT Press.

[21] Cytowic, R. E., and Eagleman, D. M. 2009. *Wednesday Is Indigo Blue: Discovering the Brain of Synesthesia*, Cambridge, MA: MIT Press（中译本:《星期三是靛蓝色的蓝》，湖南科学技术出版社，2017）.

[22] 同上。

[23] Asher, Julian E., Lamb, Janine A., Brocklebank, Denise, Cazier, Jean-Baptiste, Maestrini, Elena, Addis, Laura, Sen, Mallika, Baron-Cohen, Simon, and Monaco, Anthony P. 2009. "A whole-genome scan and fine-mapping linkage study of auditory-visual synesthesia reveals evidence of linkage to chromosomes 2q24, 5q33, 6p12, and 12p12," *American Journal of Human Genetics* 84 (2): 279–85; Tomson, S. N., Avidan, N., Lee, K., Sarma, A. K., Tushe, R., Milewicz, D. M., Bray, M., Lealc, S. M., and Eagleman, D. M. 2011. "The genetics of colored sequence synesthesia: Suggestive evidence of linkage to 16q and genetic heterogeneity for the condition," *Behavioural Brain Research* 223: 48–52. 环境因素也可能对联觉有重要影响。Witthoft 和 Winawer 认为联觉的颜色可能是由儿童时期的彩色冰箱磁铁决定的: Witthoft, N., and Winawer, J. 2006. "Synesthetic colors determined by having colored

refrigerator magnets in childhood,” *Cortex* 42（2）：175–83.

［24］ Novich, S. D., Cheng, S., and Eagleman, D. M. 2011. “Is synesthesia one condition or many? A large-scale analysis reveals subgroups,” *Journal of Neuropsychology* 5：353–71.

［25］ Hubbard, E. M., and Ramachandran, V. S. 2005. “Neurocognitive mechanisms of synesthesia,” Neuron 48：509–20；Ramachandran, V. S., and Hubbard, E. M. 2001. “Psychophysical investigations into the neural basis of synaesthesia,” *Proceedings of the Royal Society of London B* 268：979–83.

［26］ Rouw, R., and Scholte, H. S. 2007. “Increased structural connectivity in grapheme-color synesthesia,” Nature Neuroscience 10：792–97.

［27］ Smilek, Daniel, Dixon, Mike J., Cudahy, Cera, and Merikle, Philip M. 2002. “Synesthetic color experiences influence memory,” *Psychological Science* 13（6）：548.

［28］ Tammet, D. 2006. *Born on a Blue Day*, London：Hodder & Stoughton（中译本：《星期三是蓝色的》，万卷出版公司，2011）.

［29］ Banissy, M. J., Walsh, V., and Ward, J. 2009. “Enhanced sensory perception in synaesthesia,” Experimental Brain Research 196：565–71.

［30］ Havlik, A. M., Carmichael, D. A., and Simner, J. 2015. “Do sequence-space synaesthetes have better spatial imagery skills? Yes, but there are individual differences,” Cognitive Processing 16（3）：245–53；Simner, J. 2009. “Synaesthetic visuo-spatial forms：Viewing sequences in space,” *Cortex* 45：1138–47；Simner, J., and Hubbard, E. M., eds. 2013. *The Oxford Handbook of Synesthesia*, Oxford, UK：Oxford University Press.

［31］ Cytowic, R. E. 1993. *The Man Who Tasted Shapes*, Cambridge, MA：MIT Press.

［32］ 同上。

［33］ 这个例子是 Rob Reid 提出来的。

［34］ Corcoran, Aaron J., Barber, J. R., and Conner, W. E. 2009. “Tiger moth jams bat sonar,” Science 325（5938）：325–27, doi：10.1126/science.1174096.

9. 挑剔——在生活中，在商场里，你看到你需要看到的

［1］ Tovée, M. J. 2008. *An Introduction to the Visual System*, Cambridge, UK：Cambridge University Press.

［2］ Li, Z.（李兆平）2014. *Understanding Vision：Theory, Models, and Data*, Oxford, UK：Oxford University Press.

［3］ Rensink, R. A., O’Regan, J. K., and Clark, J. J. 1997. “To See or Not to See：The Need for Attention to Perceive Changes in Scenes,” *Psychological Science* 8：368–73.

［4］ 参见，例如，https://www.youtube.com/watch? v=VkrrVozZR2c.

［5］ Itti, L. 2005. “Quantifying the contribution of low- level saliency to human eye movements in dynamic scenes,” *Visual Cognition* 12：1093– 1123; Wolfe, J. M., and Horowitz, T. S. 2004. “What attributes guide the deployment of visual attention and how do they do it? ” *Nature Reviews Neuroscience* 5：495– 501; Wolfe, J. M. and DiMase, J. S. 2003. “Do intersections serve as basic features in visual search?" *Perception* 32: 645-656.

[6] 视觉注意在市场营销中的作用参见 Wedel, M., and Pieters, R., eds. 2008. Visual Marketing: From Attention to Action, New York: Lawrence Erlbaum.

[7] Li, Z. (李兆平) 2014. *Understanding Vision: Theory, Models, and Data*, Oxford, UK: Oxford University Press; Sprague, T., Itthipuripat, S., and Serences, J. 2018. "Dissociable signatures of visual salience and behavioral relevance across attentional priority maps in human cortex," Journal of Neurophysiology http://dx.doi. org/10.1101/196642. 在我的描述中, 好像神经元在没有被感知时是存在的, 并且可以执行诸如信号传递之类的活动。这只是实用的简化, 使用了我们的界面语言。

[8] Navalpakkam, V., and Itti, L. 2007. "Search goal tunes visual features optimally," *Neuron* 53: 605-17.

[9] New, J., Cosmides, L., and Tooby, J. 2007. "Category-specific attention for animals reflects ancestral priorities, not expertise," *Proceedings of the National Academy of Sciences* 104: 16598-603.

[10] 例如, Paras 和 Webster 让受试者观察 1/f 噪声的图像, 发现两个黑点就足以触发人脸识别, 导致受试者将图像的其余部分重新解释为人脸。Paras, C., and Webster, M. 2013. "Stimulus requirements for face perception: An analysis based on 'totem poles,'" *Frontiers in Psychology* 4: 18, http://journal.frontiersin.org/article/10.3389/fpsyg.2013.00018/full.

[11] Barrett, D. 2010. *Supernormal Stimuli: How Primal Urges Overran Their Evolutionary Purpose*, New York: W. W. Norton.

[12] Najemnik, J., and Geisler, W. 2005. "Optimal eye movement strategies in visual search," Nature 434: 387-91; Pomplun, M. 2006. "Saccadic selectivity in complex visual search displays," *Vision Research* 46: 1886-1900.

[13] Doyle, J. F., and Pazhoohi, F. 2012. "Natural and augmented breasts: Is what is not natural most attractive?" *Human Ethology Bulletin* 27: 4.

[14] Rhodes, G., Brennan, S., and Carey, S. 1987. "Identification and ratings of caricatures: Implications for mental representations of faces," *Cognitive Psychology* 19 (4): 473-97; Benson, P. J., and Perrett, D. I. 1991. "Perception and recognition of photographic quality facial caricatures: Implications for the recognition of natural images," *European Journal of Cognitive Psychology* 3 (1): 105-35.

[15] Barrett, D. 2010. *Supernormal Stimuli: How Primal Urges Overran Their Evolutionary Purpose*, New York: W. W. Norton.

[16] 一个很好的例子是 Etcoff, N., Stock, S., Haley, L. E., Vickery, S. A., and House, D. M. 2011. "Cosmetics as a feature of the extended human phenotype: Modulation of the perception of biologically important facial signals," PLoS ONE 6 (10): e25656; doi: 10.1371/journal.pone.0025656.

[17] Jacobs, G. H. 2009. "Evolution of color vision in mammals," *Philosophical Transactions of the Royal Society B* 364: 2957-67; Melin, A. D., Hiramatsu, C., Parr, N. A., Matsushita, Y., Kawamura, S., and Fedigan, L. M. 2014. "The behavioral ecology of

color vision：Considering fruit conspicuity，detection distance and dietary importance，" *International Journal of Primatology* 35：258-87；Hurlbert，A. C.，and Ling，Y. 2007. "Biological components of sex differences in color preference，" *Current Biology* 17（16）：R623-R625.

[18] New，J.，Krasnow，M. M.，Truxaw，D.，and Gaulin，S. J. C. 2007. "Spatial adaptations for plant foraging：Women excel and calories count，" *Proceedings of the Royal Society*，B 274：2679-84.

[19] Jaeger，S. R.，Antúnez，L.，Gastón，Aresb，Johnston，J. W.，Hall，M.，and Harker，F. R. 2016. "Consumers' visual attention to fruit defects and disorders：A case study with apple images，" *Postharvest Biology and Technology* 116：36-44.

10.社群——意识自主体的网络

[1] Gross，D. 2005. "Einstein and the search for unification，" *Current Science* 89：2035-40；Cole，K. C. 1999. "Time，space obsolete in new view of universe，" *Los Angeles Times*，November 16.

[2] Hameroff，S.，and Penrose，R. 2014. "Consciousness in the universe：A review of the 'Orch OR' theory，" *Physics of Life Reviews* 11：39-78.

[3] Oizumi，M.，Albantakis，L.，and Tononi，G. 2014. "From the phenomenology to the mechanisms of consciousness：Integrated information theory 3.0，" *PLOS Computational Biology* 10：e1003588；see also Hoel，E. P. 2017. "When the map is better than the territory，" Entropy 19：188，doi：10.3390/e19050188.

[4] 附录中给出了意识自主体的精确定义。

[5] Pinker，S. 2018. *Enlightenment Now：The Case for Reason，Science，Humanism，and Progress*，New York：Viking（中译本：《当下的启蒙》，浙江人民出版社，2018）.

[6] 在命题逻辑中，否定后件律是一种有效的论证形式。它说的是如果 P 蕴含 Q，而 Q 不成立，则 P 不成立。举个例子：如果帕特活到了 80 岁，则帕特活到了 30 岁。帕特没有活到 30 岁。因此，帕特没有活到 80 岁。

[7] Einstein，A. 1934. "On the method of theoretical physics，" *Philosophy of Science* 1：163-69.

[8] Russell，B. 1924/2010. *The Philosophy of Logical Atomism*，New York：Routledge.

[9] 附录中给出了意识自主体的精确定义。

[10] 关于这些问题的进展，参见 Fields，C.，Hoffman，D. D.，Prakash，C.，and Singh，M. 2017. "Conscious agent networks：Formal analysis and application to cognition，" *Cognitive Systems Research* 47：186-213.

[11] 关于这些问题的进展，参见 Fields，C.，Hoffman，D. D.，Prakash，C.，and Prentner，R. 2017. "Eigenforms，interfaces and holographic encoding：Toward an evolutionary account of objects and spacetime. *Constructivist Foundations* 12（3）：265-74.

[12] 关于泛灵论的概述，请参阅在线《斯坦福大学哲学百科全书》关于泛灵论的文章。

有些人认为泛灵论不是二元论。要支持这一主张，需要为泛灵论建立数学上精确的科学理论，必须明确是非二元论的。到目前为止还没有这样的理论。综合信息理论（IIT）常被认为蕴含泛灵论。根据 IIT，"体验是最大不可约概念结构（MICS，感质空间中的一系列概念），产生体验的一系列元素构成了一个复合体。根据 IIT，MICS 确定了体验的性质。"但是，正如我们讨论过的，IIT 甚至无法为一个具体体验的 MICS 确定一个具体的复合体，例如大蒜的气味。在此之前，它无法对特定物理系统及其特定的相应体验作出可检验的科学预测。更多关于 IIT 的信息，参见 Oizumi, M., Albantakis, L., and Tononi, G. 2014. "From the phenomenology to the mechanisms of consciousness: Integrated information theory 3.0," *PLOS Computational Biology* 10: e1003588; Hoel, E. P. 2017. "When the map is better than the territory," *Entropy* 19: 188, doi: 10.3390/e19050188.

[13] 参见，例如，Clarke, D. S., ed. 2004. *Panpsychism: Past and Recent Selected Readings*, New York: University of New York Press.

[14] Du, S., Tao, Y., and Martinez, A. M. 2014. "Compound facial expressions of emotion," *Proceedings of the National Academy of Sciences* 111 (15): E1454–E1462.

[15] Goodall, J. 2011. *My Life with the Chimpanzees*, New York: Byron Preiss Visual Publications（中译本：《和黑猩猩在一起》，科学出版社，2006）.

[16] Revuz, D. 1984. Markov Chains, Amsterdam: North-Holland.

[17] 从数学上来讲，可测空间的事件集合是 s- 代数，它对可列并是封闭的。我们可以把它推广到 s-加性类，它对可列不相交并是封闭的。参见，例如，Gudder, S. Quantum Probability, San Diego: Academic Press。我们可以进一步推广到有限加性类。

[18] Revuz, D. 1984. *Markov Chains*, Amsterdam: North-Holland.

[19] Hoffman, D. D., and Prakash, C. 2014. "Objects of consciousness," *Frontiers in Psychology: Perception Science*, http://dx.doi.org/10.3389/fpsyg.2014.00577.

[20] 同上。

[21] Fields, C., Hoffman, D. D., Prakash, C., and Prentner, R. 2017. "Eigenforms, interfaces and holographic encoding: Toward an evolutionary account of objects and spacetime," *Constructivist Foundations* 12 (3): 265–74; Fields, C., Hoffman, D. D., Prakash, C., and Singh, M. 2017. "Conscious agent networks: Formal analysis and application to cognition," *Cognitive Systems Research* 47: 186–213.

[22] Kahneman, D. 2011. *Thinking, Fast and Slow*, New York: Farrar, Straus and Giroux（中译本：《思考，快与慢》，中信出版社，2012）.

[23] 它们构成仿射群 AGL（4，2），并在几何代数 G（4，2）中起作用，即共形时空代数。Hoffman, D. D., and Prakash, C. 2014. "Objects of consciousness," *Frontiers in Psychology: Perception Science*, http://dx.doi.org/10.3389/fpsyg.2014.00577.

[24] Tooby, J., Cosmides, L., and Barrett, H. C. 2003. "The second law of thermodynamics is the first law of psychology: Evolutionary developmental psychology and the theory of tandem, coordinated coordinated inheritances: Comment on Lickliter and Honeycutt (2003)," *Psychological Bulletin* 129: 858–65.

[25] Faggin, F. 2015. "The nature of reality," *Atti e Memorie dell'Accademia Galileiana di Scienze, Lettere ed Arti*, Volume CXXVII (2014–2015), Padova: Accademia Galileiana di Scienze, Lettere ed Arti. He speaks of conscious units rather than conscious agents.

[26] Berkeley, G. 1710. *A Treatise Concerning the Principles of Human Knowledge* (中译本: 《人类知识原理》, 商务印书馆, 2010).

[27] 更多关于区分科学与伪科学的问题, 参见 Pigliucci, M., and Boudry, M., eds. 2013. *Philosophy of Pseudoscience: Reconsidering the Demarcation Problem*, Chicago: University of Chicago Press; Dawid, R. 2013. *String Theory and the Scientific Method*, Cambridge, UK: Cambridge University Press.

[28] 例如, Mercier and Sperber (2011): "我们的假设是, 推理的功能具有论证性。它是用来设计和评估旨在说服别人的论点。" Tappin, van der Leer, and McKay (2017): "我们观察到了一种强烈的期望偏差——如果证据与他们期望的结果一致 (相对的是不一致), 人们会更愿意更新他们的信念。这种偏差与证据是否与他们先前的信念一致或不一致无关……我们在信念更新中发现的独立确证偏差的证据很有限。" Mercier, H., and Sperber, D. 2011. "Why do humans reason? Arguments for an argumentative theory," *Behavioral and Brain Sciences* 34: 57–111; Tappin, B. M., van der Leer, L., and McKay, R. T. 2017. "The heart trumps the head: Desirability bias in political belief revision," *Journal of Experimental Psychology: General*, doi: 10.1037/xge0000298.

[29] Gould, S. J. 2002. *Rocks of Ages: Science and Religion in the Fullness of Life*, New York: Ballantine Books.

[30] Dawkins, R. 1998. "When religion steps on science's turf," *Free Inquiry* 18 (2): 18–19.

[31] Hoffman, D. D., and Prakash, C. 2014. "Objects of consciousness," *Frontiers in Psychology: Perception Science*, http://dx.doi.org/10.3389/fpsyg.2014.00577.

附录: 精确——保留出错的权利

[1] Hoffman, D. D., and Prakash, C. 2014. "Objects of consciousness," *Frontiers in Psychology: Perception Science*, http://dx.doi.org/10.3389/fpsyg.2014.00577; Fields, C., Hoffman, D. D., Prakash, C., and Prentner, R. 2017. "Eigenforms, interfaces and holographic encoding: Toward an evolutionary account of objects and spacetime," *Constructivist Foundations* 12 (3): 265–74; Fields, C., Hoffman, D. D., Prakash, C., and Singh, M. 2017. "Conscious agent networks: Formal analysis and application to cognition," *Cognitive Systems Research* 47: 186–213.

[2] Revuz, D. 1984. Markov Chains, Amsterdam: North-Holland.

[3] Hoffman, D. D., and Prakash, C. 2014. "Objects of consciousness," *Frontiers in Psychology: Perception Science*, http://dx.doi.org/10.3389/fpsyg.2014.00577; Fields, C., Hoffman, D. D., Prakash, C., and Prentner, R. 2017. "Eigenforms, interfaces and

holographic encoding: Toward an evolutionary account of objects and spacetime," *Constructivist Foundations* 12（3）: 265-74; Fields, C., Hoffman, D. D., Prakash, C., and Singh, M. 2018. "Conscious agents networks: Formal analysis and application to cognition," *Cognitive Systems Research* 47: 186–213.

[4] 同上。

[5] Doran, C., and Lasenby, A. 2003. *Geometric Algebra for Physicists*, New York: Cambridge University Press, section 10.7.

[6] 对小世界网络演化的讨论，参见，例如 Jarman, N., Steur, E., Trengove, C., Tyuykin, I. Y., and van Leeuewn, C. 2017. "Self-organization of small-world networks by adaptive rewiring in response to graph diffusion," *Nature Reports* 7: 13158, doi: 10.1038/s41598-017-12589-9); Newman, M. E. J. 2010. *Networks: An Introduction*, New York: Oxford University Press（中译本:《网络科学引论》，电子工业出版社，2014）.

译名表
人名译名表(按姓氏汉语拼音排序)

阿尔卡尼 - 哈米德,尼马	Nima Arkani-Hamed
阿尔梅赫利,阿迈德	Ahmed Almheiri
阿里斯塔克斯	Aristarchus
埃弗里特	Everett
埃斯特巴伦茨,尤塞	José M. Estebaranz
艾本伯格,桑德拉	Sandra Eibenberger
安斯康姆,伊莉莎白	Elizabeth Anscombe
奥卡姆的威廉	William of Ockham
奥里根,凯文	Kevin O' Regan
巴雷特,克拉克	Clark Barrett
巴门尼德	Parmenides
巴尼西,迈克尔	Michael Banissy
巴特利,威廉	William Bartley
班克斯,汤姆	Tom Banks
贝尔,约翰	John Bell
贝肯斯坦,雅各布	Jacob Bekenstein
毕达哥拉斯	Pythagoras
波多尔斯基,鲍里斯	Boris Podolsky
波吉奥,托马索	Tomaso Poggio
波洛克,杰克逊	Jackson Pollock
波钦斯基,乔伊	Joe Polchinski
玻恩,马克斯	Max Born
玻姆	Bohm
伯克利,乔治	George Berkeley
博根,约瑟夫	Joseph Bogen
博斯特罗姆,尼克	Nick Bostrom
布罗克曼,约翰	John Brockman
布索,拉斐尔	Raphael Bousso

查尔默斯，大卫	David Chalmers
达尔文	Charles Darwin
戴维森，克林顿	Clinton Davisson
丹尼，克里斯汀	Christine Denny
丹尼特，丹尼尔	Daniel Dennett
道金斯，理查德	Richard Dawkins
德·马特洛，玛丽亚	Maria dal Martello
德拉蒙德，威廉	William Drummond
迪尔，兰迪	Randy Diehl
迪麦斯，詹妮弗	Jennifer DiMase
丁铎尔	John Tyndall
董希	Xi Dong
范拉姆斯东克，马克	Mark van Raamsdonk
菲尔兹，克里斯	Chris Fields
费金，费德里科	Federico Faggin
福多，杰里	Jerry Fodor
富克斯，克里斯	Chris Fuchs
伽利略	Galileo
盖斯勒，比尔	Bill Geisler
高尔顿，弗朗西斯	Francis Galton
哥白尼	Copernicus
哥德尔，库尔特	Kurt Gödel
格罗斯，大卫	David Gross
格莫尔，莱斯特	Lester Germer
格思里，伍迪	Woody Guthrie
葛夫特，阿曼达	Amanda Gefter
古道尔，珍	Jane Goodall
古拉，沙巴特	Sharbat Gula
哈伯德，爱德华	Edward Hubbard
哈洛，丹尼尔	Daniel Harlow
哈默罗夫，斯图尔特	Stuart Hameroff

海顿，帕特里克	Patrick Hayden
汉密尔顿，威廉	William Hamilton
赫托格，托马斯	Thomas Hertog
赫胥黎，托马斯	Thomas Huxley
惠勒，约翰	John Wheeler
霍金，斯蒂芬	Stephen Hawking
吉布森，詹姆士	James Gibson
加西亚 - 阿尔凯内，吉列尔莫	Guillermo García-Alcaine
金特，梅雷尔	Merel Kindt
井村智子	Tomoko Imura
卡贝洛，阿达恩	Adán Cabello
卡尼曼，丹尼尔	Daniel Kahneman
卡特里特，爱德华	Edward Carterette
科辰，西蒙	Simon Kochen
科恩，乔纳森	Jonathan Cohen
科斯米德斯，勒达	Leda Cosmides
克拉克，亚瑟	Arthur C. Clarke
克里克，弗朗西斯	Francis Crick
拉马钱德兰，维亚努	Vilyanur Ramachandran
莱布尼茨	Gottfried Leibniz
劳，罗姆科	Romke Rouw
理查兹，惠特曼	Whitman Richards
卢米斯，杰克	Jack Loomis
卢瑟福	Ernest Rutherford
鲁米，贾拉鲁丁	Jalaluddin Rumi
罗森，纳森	Nathan Rosen
罗森塔尔，李	Lee Rosenthal
罗素，伯特兰	Bertrand Russell
罗威利，卡罗	Carlo Rovelli
马尔，戴维	David Marr
马尔布兰奇，尼古拉斯	Nicholas Malebranche

马克，贾斯汀	Justin Mark
马里恩，布莱恩	Brian Marion
马洛尼，拉里	Larry Maloney
马诺尔夫，唐纳德	Donald Marolf
马斯克，埃隆	Elon Musk
毛斯菲尔德，赖纳	Rainer Mausfeld
梅尔西埃，雨果	Hugo Mercier
蒙洛迪诺，列纳德	Leonard Mlodinow
默明，戴维	David Mermin
纳博科夫，弗拉基米尔	Vladimir Nabokov
纽，约书亚	Joshua New
诺，阿尔瓦	Alva Noë
帕尔默，斯蒂芬	Stephen E. Palmer
帕斯陶斯基，费尔南多	Fernando Pastawski
派斯，亚伯拉罕	Abraham Pais
潘菲尔德，怀尔德	Wilder Penfield
泡利，沃尔夫冈	Wolfgang Pauli
佩舍克，达伦	Darren Peshek
皮兹洛，齐格蒙特	Zygmunt Pizlo
平克，史蒂芬	Steven Pinker
普拉卡什，奇坦	Chetan Prakash
普赖斯，乔治	George Price
普雷斯基，约翰	John Preskill
普罗菲特，丹尼斯	Dennis Proffitt
乔姆斯基，诺姆	Noam Chomsky
萨利，詹姆士	James Sully
萨姆姆内贾德，奈格尔	Negar Sammaknejad
萨斯坎德，李奥纳特	Leonard Susskind
塞伯格，内森	Nathan Seiberg
塞尔，约翰	John Searle
塞林格，安东	Anton Zeilinger

沃森，詹姆斯	James Watson
西蒙，德尼	Deni Simon
辛格，马尼什	Manish Singh
休谟，大卫	David Hume
亚里士多德	Aristotle
伊格曼，大卫	David Eagleman
詹金斯，比尔	Bill Jenkins
詹姆斯，威廉	William James

专用名词译名表(按汉语拼音排序)

《爱的徒劳》	*Love's Labour's Lost*
《爱因斯坦和量子理论》	*Einstein and the Quantum Theory*
安邦雀鲷	ambon damselfish
半色盲	hemi-achromatopsia
北美萤	photinus
贝尔丁地松鼠	Belding's ground squirrel
贝叶斯估计	Bayesian estimation
变化盲视	change blindness
步进计算器	stepped reckoner
彩虹蚁	iridomyrmex discors
侧抑制	lateral inhibition
超常刺激	supernormal stimuli
刺猬基因	hedgehog gene
《蠢蛋进化论》	*Idiocracy*
《达尔文的危险思想》	*Darwin's Dangerous Idea*
《大英百科全书》	*Encyclopaedia Britannica*
代尔夫特理工大学	Delft University of Technology
对称性发明定理	Invention of Symmetry Theorem
返回抑制	inhibition of return
泛灵论	panpsychism

否定后件律	modus tollens
感知界面理论	interface theory of perception, ITP
感知体验	perceptual experiences
感质	qualia
功能磁共振成像	functional magnetic resonance imaging, fMRI
共形几何代数	conformal geometric algebra
观察者互补性原理	principle of observer complementarity
冠毛小海雀	crested auklet
光敏素	phototropin
光遗传学	optogenetics
海森堡测不准原理	Heisenberg's uncertainty principle
亥姆霍兹俱乐部	Helmholtz Club
汉明码	Hamming code
《黑客帝国》	*The Matrix*
互补性	complementarity
活力论	vitalism
《环球科学》	*Scientific American*
《毁灭战士》	*Doom*
机械物理主义	mechanistic physicalism
激进具身认知	radical embodied cognition
激进具身认知科学	radical embodied cognitive science
嫁接基因	engrailed gene
进化心理学	evolutionary psychology
经颅磁刺激	transcranial magnetic stimulation, TMS
局域实在论	local realism
具身认知	embodied cognition
科辰 - 斯派克（KS）定理	Kochen-Specker Theorem
《科学与创世论》	*Science and Creationism*
可测空间	measurable space
扩展适应	exaptation

量子贝叶斯理论	quantum Bayesianism, QBism
量子纠缠	quantum entanglement
弥散张量成像	diffusion tensor imaging
命题态度	propositional attitudes
模仿式注意力	scripted attention
《模拟人生》	*The Sims*
脑磁图	magnetoencephalography, MEG
脑电图	electroencephalography, EEG
内含适应度	inclusive fitness
内克尔立方体	Necker cube
霓虹方块错觉	neon-square illusion
逆几何光学	inverse optics
庞贝蠕虫	alvinella pompejana
偏瞳蔽眼蝶	bicyclus anynana
普适达尔文主义	universal Darwinism
桥梁假说	Bridge Hypothesis
丘奇 - 图灵论题	Church-Turing thesis
《趣味的标准》	*Standard of Taste*
全息原理	holographic principle
全序集	totally ordered set
缺口基因	notch gene
三苯氧胺	tamoxifen
色纹	chromature
神秘果	Richadella dulcifica
神秘果素	miraculin
《神秘海域》	*Uncharted*
《生理学和卫生学原理》	*The Elements of Physiology and Hygiene*
生物自然论	biological naturalism
视界互补性	horizon complementarity
《视觉》	*Vision*
《视觉科学》	*Vision Science*

适应胜过真实定理	fitness-beats-truth theorem，FBT
水彩错觉	watercolor illusion
《斯坦福大学哲学百科全书》	*Stanford Encyclopedia of Philosophy*
索尔克研究所	Salk Institute
《天体运行论》	*De revolutionibus orbium coelestium*
铜斑蝶鱼	copperband butterfly fish
外源线索	exogenous cues
伟大的存在之链	Great Chain of Being
无远端基因	distal-less gene
《物种起源》	*On the Origin of Species*
物自体	thing-in-itself
《细胞》	*Cyto*
《侠盗猎车手》	*Grand Theft Auto*
《心理学原理》	*The Principles of Psychology*
心得安	propranolol
形而上学唯我论	metaphysical solipsism
《寻找真实》	*The Search After Truth*
眼斑虾虎鱼	eyespot goby
妖扫萤	photuris
异丙酚	propofol
《异次元骇客》	*The Thirteenth Floor*
意识实在论	conscious realism
意识相关神经活动	neural correlates of consciousness，NCC
因果钻石	causal diamond
隐花素	cryptochrome
优形丹宁	Body Optix ™
圆周理论物理研究所	Perimeter Institute
约瑟夫帽子错觉	Joseph's hat illusion
脏沙发	opaque couché
侦查试验	catch trials
中性漂变	neutral drift

中央后回	postcentral gyrus
珠宝甲虫	Julodimorpha bakewelli
自主体	agent
综合信息理论	integrated information theory，IIT
最大不可约概念结构	maximally irreducible conceptual structure, MICS
《作为艺术家的评论》	*The Critic As Artist*

图书在版编目（CIP）数据

眼见非实 /（美）唐纳德·霍夫曼著；唐璐译 . — 长沙 : 湖南科学技术出版社 , 2023.4
书名原文 : The Case Against Reality
ISBN 978-7-5710-1514-5

Ⅰ . ①眼… 　Ⅱ . ①唐…②唐… 　Ⅲ . ①进化论②物理学 　Ⅳ . ① Q111 ② O4

中国版本图书馆 CIP 数据核字（2022）第 052129 号

湖南科学技术出版社独家获得本书简体中文版出版发行权
著作权合同登记号：18-2016-234

YANJIAN　FEISHI
眼见非实

著者
[美] 唐纳德 · 霍夫曼
译者
唐璐
出版人
潘晓山
策划编辑
吴炜　李蓓　孙桂均
责任编辑
吴炜　李蓓
营销编辑
周洋
出版发行
湖南科学技术出版社
社址
长沙市芙蓉中路一段 416 号
泊富国际金融中心
网址
http://www.hnstp.com
湖南科学技术出版社
天猫旗舰店网址
http://hnkjcbs.tmall.com

印刷
长沙鸿和印务有限公司
厂址
长沙市望城区普瑞西路858号
邮编
410200
版次
2023 年 4 月第 1 版
印次
2023 年 4 月第 1 次印刷
开本
880mm × 1230mm 1/32
印张
9.5
彩插
4 页
字数
180 千字
书号
ISBN 978-7-5710-1514-5
定价
78.00 元
（版权所有·翻印必究）

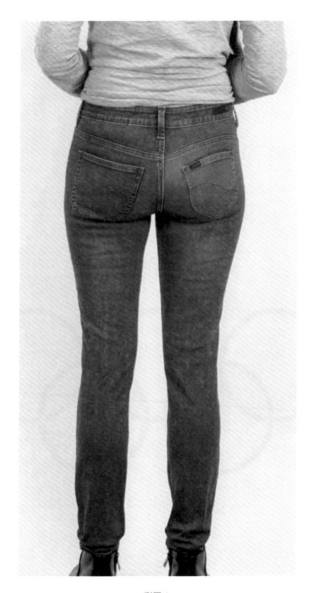

彩图 A

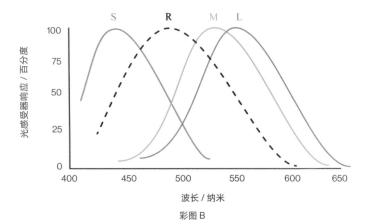

彩图 B

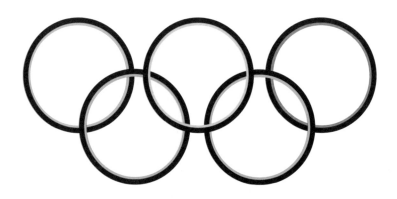

彩图 C

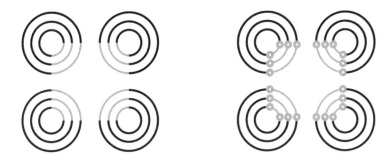

彩图 D

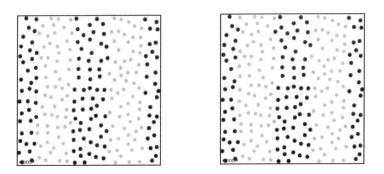

彩图 E

彩图 F

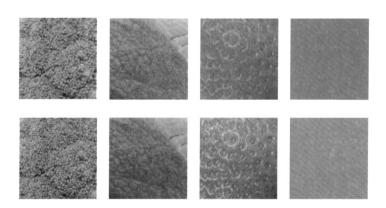

彩图 G

彩图 H

彩图 I

彩图 J

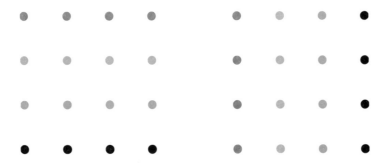

彩图 K